建筑施工方法
与项目管理探索

王　斌◎著

吉林科学技术出版社

图书在版编目（CIP）数据

建筑施工方法与项目管理探索／王斌著 . -- 长春：
吉林科学技术出版社，2024. 8. -- ISBN 978-7-5744
-1824-0

Ⅰ. TU71

中国国家版本馆 CIP 数据核字第 2024YS3096 号

建筑施工方法与项目管理探索

著　　　王　斌
出 版 人　宛　霞
责任编辑　赵海娇
封面设计　金熙腾达
制　　版　金熙腾达
幅面尺寸　170mm×240mm
开　　本　16
字　　数　215 千字
印　　张　13.75
印　　数　1~1500 册
版　　次　2024年8月第1版
印　　次　2024年12月第1次印刷

出　　版　吉林科学技术出版社
发　　行　吉林科学技术出版社
地　　址　长春市福祉大路5788 号出版大厦A 座
邮　　编　130118
发行部电话/传真　0431-81629529 81629530 81629531
　　　　　　　　　81629532 81629533 81629534
储运部电话　0431-86059116
编辑部电话　0431-81629510
印　　刷　三河市嵩川印刷有限公司

书　　号　ISBN 978-7-5744-1824-0
定　　价　83.00元

前　言

在建筑行业快速发展的今天，建筑工程施工方法与项目管理的探索已成为提升建筑质量和效率、降低成本与风险的关键。本书旨在深入分析和讨论建筑工程中施工技术与项目管理的实践与发展，以期为建筑行业的可持续发展提供理论和实践指导。

本书从建筑工程施工的基础出发，系统介绍了施工过程中必须遵循的技术规范和操作流程，确保施工质量和安全标准得到满足。在绿色施工方面，书中强调了在建筑施工中实施节能减排、环境保护的重要性，探讨了绿色建筑理念在施工实践中的应用，以及如何通过科学管理和技术创新实现建筑施工的绿色转型。在项目管理层面，本书对建筑工程项目的成本管理进行了深入分析，讨论了成本预测、控制和核算的有效方法，以及如何通过精细化管理降低成本、提高经济效益。同时，书中对项目进度管理也进行了详尽的阐述，介绍了如何制订合理的施工计划，监控进度执行情况，并及时调整以应对可能出现的延误。质量管理是建筑工程项目成功的关键，本书探讨了如何建立完善的质量管理体系，包括质量标准的制定、施工过程的监督检查及质量问题的处理。此外，书中还特别强调了建筑工程项目安全管理的重要性，分析了安全风险的识别、预防和控制措施，以及如何构建有效的安全文化和应急响应机制。

在本书写作的过程中，作者得到了很多宝贵的建议，在此谨表示感谢。同时我们参阅了大量的相关著作和文献，在参考文献中未能一一列出，在此谨向相关著作和文献的作者表示诚挚的感谢和敬意也请读者对写作工作中的不当之处予以谅解。由于作者水平有限、时间仓促，书中难免会有疏漏不妥之处，恳请专家、读者不吝批评指正。

目 录

第一节 建筑工程施工组织概论

一、建设项目组成及建设程序

(一) 建设项目及其组成

1. 项目

项目是指在限定时间、限定费用及限定质量标准等约束条件下，具有特定的明确目标和完整的组织结构的一次性任务或管理对象。一项任务只有同时具有项目的一次性（单件性）、目标的明确性和项目的整体性这三个特征，才能称为项目。

工程项目是项目中数量最大的一类，按照专业可将其分为建筑工程、公路工程、水电工程、港口工程、铁路工程等。

2. 建设项目

建设项目是固定资产投资项目，是作为建设单位被管理对象的一次性建设任务，也是投资经济科学的一个基本范畴。固定资产投资项目又包括新建、扩建等扩大生产能力的基本建设项目和以改进技术、增加产品品种、提高产品质量、治理"三废"、劳动安全、节约资源等为主要目的的技术改造项目。

建设项目在一定的约束条件下，以形成固定资产为特定目标。约束条件包括：时间约束，即有建设工期目标；资源约束，即有投资总量目标；质量约束，即有预期的生产能力（如公路的通行能力）、技术水平（如使用功能的强度、平整度、抗滑能力等）或使用效益目标。

3. 施工项目

施工项目是施工企业自施工投标开始到保修期满为止的过程中完成的项目，是作为施工企业的被管理对象的一次性施工任务。

施工项目的管理主体是施工承包企业。施工项目的范围是由工程承包合同界定的，可能是建设项目的全部施工任务，也可能是建设项目中的一个单项工程或单位工程的施工任务。

4. 建设项目的组成

按照对建设项目分解管理的需要，可将建设项目分解为单项工程、单位工程、分部工程、分项工程和检验批。

（1）单项工程

一个单项工程（也称工程项目）具备独立的设计文件，可以独立施工，竣工后可以独立发挥生产能力或效益。一个建设项目可由一个或几个单项工程组成。单项工程体现了建设项目的主要内容，其施工条件往往具有相对的独立性，如工业建设项目中各个独立的生产车间、办公楼，民用建设项目中学校的教学楼、食堂、图书馆等。

（2）单位工程

具备独立施工条件（具有单独设计，可以独立施工），并能形成独立使用功能的建筑物及构筑物为一个单位工程。单位工程是单项工程的组成部分，一个单项工程一般都由若干个单位工程组成。

一般情况下，单位工程是一个单体的建筑物或构筑物。建筑规模较大的单位工程，可将其能形成独立使用功能的部分作为一个子单位工程。

（3）分部工程

组成单位工程的若干个分部称为分部工程。分部工程的划分应按专业性质、工程部位确定。如一幢房屋的建筑工程，可以划分为土建工程分部和安装工程分部，而土建工程分部又可划分为地基与基础、主体结构、建筑装饰装修和建筑屋面等子分部工程。

（4）分项工程

组成分部工程的若干个施工过程称为分项工程。分项工程应按主要工种、材料、施工工艺、设备类别等进行划分。如主体混凝土结构可以划分为模板、钢筋、混凝土、预应力、现浇结构、装配式结构等分项工程。

（5）检验批

建筑工程质量验收时，可将分项工程进一步划分为检验批。检验批是指按相同的生产条件或按规定的方式汇总起来供检验用的、由一定数量样本组成的检验体。一个分项工程可由一个或若干个检验批组成，检验批可根据施工及质量控制和专业验收需要按楼层、施工段、变形缝等进行划分。

（二）基本建设程序

基本建设程序是指拟建建设项目在建设过程中各个工作必须遵循的先后次序，是指建设项目从决策、设计、施工、竣工验收到投产交付使用的全过程中，各个阶段、各个步骤、各个环节的先后顺序，是拟建建设项目在整个建设过程中必须遵循的客观规律。基本建设程序的主体单位是建设单位（业主方）。

1. 决策阶段

这个阶段包括编制项目建议书和编制可行性研究报告两个步骤，以编制可行性研究报告为工作中心。这个阶段工作量最小，但是对建设项目影响最大。管理的主要任务是确定项目的定义，包括项目实施的组织，确定和落实建设地点，确定建设任务和建设原则，确定和落实建设资金，确定建设项目的投资、进度和质量目标等。

2. 实施阶段

这个阶段包括设计前的准备阶段、设计阶段、施工阶段、使用前准备阶段和保修阶段，其中招标工作按照施工方承包方式的不同，可能分散在设计前的准备阶段、设计阶段和施工阶段中进行。管理的主要任务是通过管理使项目的目标得以实现。

3. 使用阶段

这个阶段是指工程项目开始发挥生产功能或者使用功能直到工程项目终止的阶段。

（三）施工项目管理程序

施工项目管理是企业运用系统的观点、理论和科学的方法对施工项目进行计划、组织、监督、控制、协调等全过程的管理。施工项目管理应体现管理的规律，企业应利用制度保证项目管理按规定程序运行，以提高建设工程施工项目的管理水平，促进施工项目管理的科学化、规范化和法治化，使其适应市场经济发展的需要，与国际惯例接轨。施工项目管理程序是拟建工程项目在整个施工阶段中必须遵循的客观规律，是长期施工实践经验的总结，反映了整个施工阶段必须遵循的先后次序。施工项目管理程序由下列各环节组成：

1. 编制项目管理规划大纲

项目管理规划分为项目管理规划大纲和项目管理实施规划。项目管理规划大纲，是由企业管理层在投标之前编制的作为投标依据、满足招标文件要求及签订合同要求的文件。当承包人以编制施工组织设计代替项目管理规划时，施工组织设计应满足项目管理规划的要求。

项目管理规划大纲的内容包括：项目概况、项目实施条件、项目投标活动及签订施工合同的策略、项目管理目标、项目组织结构、质量目标和施工方案、工期目标和施工总进度计划、成本目标、项目风险预测和安全目标、项目现场管理和施工平面图、投标和签订施工合同、文明施工及环境保护等。

2. 编制投标书并进行投标，签订施工合同

施工单位承接任务的方式一般有三种：国家或上级主管部门直接下达；受建设单位委托而承接；通过投标而中标承接。招投标方式是最具有竞争机制、较为公平合理地承接施工任务的方式，在我国已得到广泛应用。

施工单位要从多方面掌握大量信息，编制既能使企业盈利又有竞争力、有望中标的投标书。如果中标，则要与招标方进行谈判，依法签订施工合同。签订施工合同之前要认真检查签订施工合同的必要条件是否已经具备，如工程项目是否有正式的批文、是否落实投资等。

3. 选定项目经理，组建项目经理部，签订《项目管理目标责任书》

签订施工合同后，施工单位应选定项目经理，项目经理接受企业法定代表人的委托组建项目经理部、配备管理人员。企业法定代表人根据施工合同和经营管理目标要求与项目经理《签订项目管理目标责任书》，明确规定项目经理部应达到的成本、质量、进度和安全等控制目标。

项目经理应承担施工安全和质量的责任。要加强对建筑企业项目经理市场行

为的监督管理，对发生重大工程质量安全事故或市场违法违规行为的项目经理，必须依法予以严肃处理。

工程项目施工应建立以项目经理为首的生产经营管理系统，实行项目经理负责制。项目经理在工程项目施工中处于中心地位，对工程项目施工负有全面管理的责任。

在国际上，由于项目经理是施工企业内的一个工作岗位，项目经理的责任由企业领导根据企业管理的体制和机制，以及项目的具体情况而定。企业针对每个项目有十分明确的管理职能分工表，在该表中明确项目经理对哪些任务有策划、决策、执行、检查等职能，其承担的则是相应的策划、决策、执行、检查等的责任。

项目经理由于主观原因或工作失误，有可能承担法律责任和经济责任。政府主管部门追究的主要是其法律责任，企业追究的主要是其经济责任，但如果因项目经理的违法行为而导致企业损失，企业也有可能追究其法律责任。

4. 项目经理部编制项目管理实施规划，进行项目开工前的准备

项目管理实施规划（或施工组织设计）是在工程开工之前由项目经理主持编制的，用于指导施工项目实施阶段管理活动的文件。编制项目管理实施规划的依据是项目管理规划大纲、项目管理目标责任书和施工合同。项目管理实施规划的内容，应包括工程概况、施工部署、施工方案、施工进度计划、资源供应计划、施工准备工作计划、施工平面图、技术组织措施计划、项目风险管理、信息管理和技术经济指标分析等。

项目管理实施规划应经会审后，由项目经理签字并报企业主管领导审批。根据项目管理实施规划，对首批施工的各单位工程应抓紧落实各项施工准备工作，使现场具备开工条件，有利于进行文明施工。具备开工条件后，应提交开工申请报告，经审查批准后，即可正式开工。

5. 施工期间按项目管理实施规划进行管理

施工过程是指自开工至竣工的实施过程，是施工程序中的主要阶段。在这一过程中，项目经理部应从整个施工现场的全局出发，按照项目管理实施规划（或施工组织设计）进行管理，精心组织施工，加强各单位、各部门的配合与协作，协调解决各方面问题，使施工活动顺利开展，保证质量目标、进度目标、安全目

标、成本目标的实现。

6. 验收、交工与竣工结算

项目竣工验收，是在承包人按施工合同完成了项目全部任务，经检验合格后，由发包人组织验收的过程。项目经理应全面负责工程交付竣工验收前的各项准备工作，建立竣工收尾小组，编制项目竣工收尾计划并限期完成。在完成施工项目竣工收尾计划后，应向企业报告，提交有关部门进行验收。承包人在企业内部验收合格并整理好各项交工验收的技术经济资料后，向发包人发出预约竣工验收的通知书，由发包人组织设计、施工、监理等单位进行项目竣工验收。

通过竣工验收程序，办完竣工结算后，承包人应在规定期限内向发包人办理工程移交手续。

7. 项目考核评价

施工项目完成以后，项目经理部应对其进行经济分析，做出项目管理总结报告并送企业管理层有关职能部门。

企业管理层组织项目考核评价委员会，对项目管理工作进行考核评价。项目考核评价的目的是规范项目管理行为、鉴定项目管理水平、确认项目管理成果，对项目管理进行全面考核和评价。项目终结性考核的内容，应包括确认阶段性考核的结果，确认项目管理的最终结果，以及确认该项目经理部是否具备解散的条件。

8. 项目回访保修

承包人在施工项目竣工验收后，应针对工程使用状况和质量问题向用户访问了解，并按照施工合同的约定和工程质量保修书的承诺，在保修期内对发生的质量问题进行修理并承担相应的经济责任。

二、建筑施工组织的概念与组成

（一）施工组织设计的概念

施工组织设计是规划和指导拟建工程从工程投标、签订承包合同、施工准备到竣工验收全过程的一个综合性的技术经济文件，是针对拟建工程在开工前根据自身的特点，结合工程所在地的自然、社会、人文等资源现状，对拟建工程所需的施工劳动力、施工材料、施工机具、施工所需时间和空间、技术和组织等方面所做的全面合理的安排，是沟通工程设计和施工之间的桥梁。

由于建筑施工的特点，要求每个工程在开工之前，根据工程的特点和要求，结合工程施工的条件和程序，编制出拟建工程的施工组织设计。建筑施工组织设计应当按照基本建设程序和客观施工规律的要求，从施工全局出发，研究施工过程中带有全局性的问题，包括确定开工前的各项准备工作、选择施工方案和组织流水施工、各工种工程在施工中的衔接与配合、劳动力的安排和各种技术物资的组织与供应、施工进度的安排和现场的规划与布置等，用以全面安排和正确指导施工的顺利进行，达到工期短、质量好、成本低的目标。

作为指导拟建工程项目的全局性文件，施工组织设计要通过科学、经济、合理的规划安排，使工程项目能够连续、均衡、协调地进行，并能指导现场施工。

（二）基本建设项目的组成

基本建设项目，简称建设项目。凡是按一个总体设计组织施工，建成后具有完整的系统，可以独立地形成生产能力或使用价值的建设工程，都称为一个建设项目。

在工业建设中，一般以一个企业为一个建设项目，如一所纺织厂、一个钢铁厂等；在民用建设中，一般以一个事业单位为一个建设项目，如一所学校、一所医院等。大型分期建设的工程，分为几个总体设计，就有几个建设项目。

一个建设项目，视其复杂程度，由下列工程内容组成：

1. 单项工程（也称工程项目）

凡是具有独立的设计文件，竣工后可以独立发挥生产能力或效益的工程，都称为一个单项工程。一个建设项目，可由一个单项工程组成，也可由若干个单项工程组成。例如，工业建设项目中，各个独立的生产车间、实验楼、仓库等；民用建设项目中，学校的教学楼、实验室、图书馆、学生宿舍等。这些都可以称为一个单项工程，其内容包括建筑工程、设备安装工程及设备、工具、仪器的购置等。

2. 单位工程

凡是具有单独设计，可以独立施工，但完工后不能独立发挥生产能力或效益的工程，都称为一个单位工程。一个单项工程一般由若干个单位工程组成。例如一个复杂的生产车间，一般由土建工程、管道安装工程、设备安装工程、电气安装工程等单位工程组成。

3. 分部工程

一个单位工程可以由若干个分部工程组成。例如，一幢房屋的土建单位工程：按结构或构造部位划分，可以分为基础结构、主体结构、屋面、装修等分部工程；按工种工程划分，可以分为土（石）方工程、地基工程、混凝土工程、砌筑工程、防水工程、抹灰工程等分部工程。

4. 分项工程

一个分部工程可以划分为若干个分项工程。可以按不同的施工内容或施工方法来划分，以便专业施工班组施工。例如，一般房屋基础分部工程，可以划分为槽（坑）挖土、混凝土垫层、砖砌基础、回填土等分项施工过程。

三、施工组织设计的作用与分类

（一）施工组织设计的作用

通过施工组织设计的编制，可以全面考虑拟建工程的各种具体施工条件，扬长避短地拟订合理的施工方案；确定施工顺序、施工方法和劳动组织，合理地统筹安排拟订施工进度计划；为拟建工程的设计方案在经济上的合理性、技术上的科学性和实施工程上的可能性进行论证提供依据；为建设单位编制基本建设计划，施工企业编制施工工作计划、实施施工准备工作计划提供依据；可以把拟建工程的设计与施工、技术与经济、前方与后方及施工企业的全部施工安排与具体工程的施工组织工作更紧密地结合起来；可以将直接参加的施工单位与协作单位、部门与部门、阶段与阶段、过程与过程之间的关系更好地协调起来。

其作用具体表现在以下八方面：

1. 施工组织设计是施工准备工作的重要组成部分，同时又是做好施工准备工作的依据和保证。

2. 施工组织设计是根据工程各种具体条件拟定的施工方案、施工顺序、劳动组织和技术组织措施等内容，是开展紧凑、有序施工活动的技术依据。

3. 施工组织设计所提出的各项资源需要量计划，直接为组织材料、机具、设备、劳动力需要量的供应和使用提供数据。

4. 通过编制施工组织设计，可以合理利用和安排为施工服务的各项临时设施，可以合理地部署施工现场，确保文明施工、安全施工。

5. 通过编制施工组织设计，可以将工程的设计与施工、技术与经济、施工的全局性规律和局部性规律、土建施工与设备安装、各部门、各专业有机结合，统一协调。

6. 通过编制施工组织设计，可分析施工中的风险和矛盾，及时研究对策、措施，从而提高施工的预见性，减少盲目性。

7. 施工组织设计是统筹安排施工企业生产投入与产出过程的关键和依据。工程产品的生产和其他工业产品的生产一样，都是按要求投入生产要素，通过一定的生产过程，然后生产出成品，而中间转换的过程离不开管理。施工企业也是如此，从承接工程任务开始到竣工验收交付使用为止的全部施工过程的计划、组织和控制的基础就是科学的施工组织设计。

8. 施工组织设计可以指导投标与签订工程承包合同，同时也是投标书的内容和合同文件的一部分。

（二）施工组织设计的分类

施工组织设计是一个总的概念，根据工程项目的类别、工程规模、编制阶段、编制对象和范围的不同，在编制的深度和广度上也有所不同。

1. 按施工组织设计阶段不同分类

根据工程施工组织设计阶段和作用的不同，工程施工组织设计可以划分为两类：一类是投标前编制的施工组织设计（简称标前设计），另一类是签订工程承包合同后编制的施工组织设计（简称标后设计）。

2. 按编制对象范围不同分类

施工组织设计按编制对象范围的不同可分为施工组织总设计、单位工程施工组织设计、分部分项工程施工组织设计三种。

（1）施工组织总设计

施工组织总设计是以一个建筑群或一个建设项目为编制对象，用以指导整个建筑群或建设项目施工全过程的各项施工活动的技术、经济和组织的综合性文件。施工组织总设计一般在初步设计或扩大初步设计被批准之后，在总承包企业总工程师的领导下进行编制。

（2）单位工程施工组织设计

单位工程施工组织设计是以一个单位工程（一个建筑物或构筑物，一个交工系统）为编制对象，用以指导其施工全过程的各项施工活动的技术、经济和组织的综合性文件。单位工程施工组织设计一般在施工图设计完成后，在拟建工程开工之前，在工程处技术负责人的领导下进行编制。

（3）分部分项工程施工组织设计

分部分项工程施工组织设计是以分部分项工程为编制对象，用以具体实施其施工全过程的各项施工活动的技术、经济和组织的综合性文件。分部分项工程施工组织设计一般是和单位工程施工组织设计的编制同时进行的，并由单位工程的技术人员负责编制。

施工组织总设计、单位工程施工组织设计和分部分项工程施工组织设计之间有以下关系：施工组织总设计是对整个建设项目的全局性战略部署，其内容和范围比较概括；单位工程施工组织设计是在施工组织总设计的控制下，以施工组织总设计和企业施工计划为依据编制的，针对具体的单位工程，把施工组织总设计的内容具体化；分部分项工程施工组织设计是以施工组织总设计、单位工程施工组织设计和企业施工计划为依据编制的，针对具体的分部分项工程，把单位工程施工组织设计进一步具体化，它是专业工程具体的组织施工设计。

第二节　施工准备工作

一、原始资料的收集

针对原始资料进行收集分析，为编制出合理的、符合客观实际的施工组织设计文件，提供全面、系统、科学的依据；为图样会审、编制施工图预算和施工预算提供依据；为加强施工企业管理，制定经营管理决策提供可靠的依据。

（一）自然条件的资料调查

建设地区自然条件的资料调查，主要内容包括：地区水准点和绝对标高等情况；地质构造、土的性质和类别、地基土的承载力、地震级别和烈度等情况；河流流量和水质、最高洪水位和枯水期的水位等情况；地下水位的高低变化情况，含水层的厚度、流向流量和水质等情况；气温、雨、雪、风和雷电等情况；土的冻结深度和冬期、雨期的期限情况等。

（二）供水供电的资料调查

施工区域给水、给电是施工不可缺少的必要条件。其施工区域的给水与排水、供电与电力建设单位。资料主要用作选用施工用水、用电等的依据。

（三）交通运输的资料调查

建筑施工常采用铁路、公路和水路三种主要的交通运输方式。施工区域交通运输的资料调查包括：主要材料及构件运输通道情况；有超长、超高、超重或超宽的大型构件、大型起重机械和生产工艺设备须整体运输时，还要调查沿线架空电线、天桥等的高度，并与有关部门商谈避免大件运输对正常交通造成干扰的路线、时间及措施等。资料来源主要是当地铁路、公路和水路管理部门。施工区域交通运输的资料主要是选用建筑材料和设备的运输方式，组织运输业务的依据。

（四）建筑材料的资料调查

建筑工程需要消耗大量的材料，主要有钢材、木材、水泥、装饰材料、构件制作、商品混凝土、建筑机械等。收集施工区域建筑材料资料包括：本地建筑材料的供应能力、质量、价格、运费等；商品混凝土，建筑机械供应与维修，脚手架、定型模板等大型租赁所能提供的服务项目及其数量、价格、供应条件等。资料来源主要是当地主管部门和建设单位及各建材生产厂家、供货商。建筑材料的资料是选择建筑材料和施工机械的主要依据。

（五）劳动力的资料调查

建筑施工是劳动密集型的生产活动，社会劳动力是建筑施工劳动力的主要来源。资料来源是当地的人社、住建、卫生等部门。劳动力的资料主要是为劳动力安排计划、布置临时设施和确定施工力量提供依据。

二、施工准备工作的意义

施工准备工作是为保证工程顺利开工和施工活动正常进行而必须事先做好的各项准备工作。它是施工程序中的重要环节，不仅存在于开工之前，而且贯穿整个施工过程。为保证工程项目顺利地进行，必须做好施工准备工作。做好施工准备工作具有以下意义：

（一）确保建筑施工有序

现代建筑工程施工大多是十分复杂的生产活动，其技术规律和社会主义市场经济规律要求工程施工必须严格按照建筑施工程序进行。只有认真做好施工准备工作，才能取得良好的建设效果。

（二）降低施工的风险

做好施工准备工作，是取得施工主动权、降低施工风险的有力保障。就工程项目施工的特点而言，其生产受外界干扰及自然因素的影响较大，因而施工中可能遇到的风险就多。只有根据周密的分析和多年积累的施工经验，采取有效的防范控制措施，充分做好施工准备工作，加强应变能力，才能有效地降低风险损失。

（三）创造工程开工和顺利施工条件

工程项目施工中不仅涉及广泛的社会关系，而且还要处理各种复杂的技术问题，协调各种配合关系，因而只有统筹安排和周密准备，才能使工程顺利开工，也才能提供各种条件，保证开工后的顺利施工。

（四）提高企业的综合效益

做好施工准备工作，是降低工程成本、提高企业综合效益的重要保证。认真做好工程项目施工准备工作，能充分调动各方面的积极因素，合理组织资源，加快施工进度，提高工程质量，降低工程成本，增加企业经济效益，赢得企业社会信誉，实现企业管理现代化，从而提高企业的经济效益和社会效益。

（五）推行技术经济责任制

施工准备工作是建筑施工企业生产经营管理的重要组成部分。现代企业管理的重点是生产经营，而生产经营的核心是决策。因此，施工准备工作作为生产经营管理的重要组成部分，主要对拟建工程目标、资源供应和施工方案及其空间布置和时间排列等方面进行选择和施工决策，有利于施工企业搞好目标管理，推行技术经济责任制。实践证明，施工准备工作的好与坏将直接影响建筑产品生产的全过程。重视并做好施工准备工作，积极为工程项目创造有利施工条件的，就能够顺利开工，取得施工的主动权；同时，还可以避免工作的无序性和资源的浪费，有利于保证工程质量和施工安全，提高效益。反之，如果违背施工程序，忽视施工准备工作，仓促开工，必然在工程施工中受到各种矛盾掣肘，处处被动，以致造成重大的经济损失。

三、施工准备工作的分类

（一）按工程所处施工阶段分类

按工程所处施工阶段分类，施工准备工作可分为开工前的施工准备和开工后的施工准备。

1. 开工前的施工准备

指在拟建工程正式开工前所进行的一切施工准备，目的是为工程正式开工创造必要的施工条件，具有全局性和总体性。若没有这个阶段，工程则不能顺利开工，更不能连续施工。

2. 开工后的施工准备

指开工之后为某一单位工程、某个施工阶段或某个分部（分项）工程所做的施工准备工作，具有局部性和经常性。一般来说，冬期、雨期施工准备都属于这种施工准备。

（二）按准备工作范围分类

按准备工作范围分类，施工准备工作可分为全场性施工准备、单位工程施工条件准备、分部（分项）工程作业条件准备。

1. 全场性施工准备

指以整个建设项目或建筑群为对象进行的统一部署的施工准备工作。它不仅要为全场性的施工活动创造有利条件，而且要兼顾单位工程施工条件的准备。

2. 单位工程施工条件准备

指以一个建筑物或构筑物为施工对象而进行的施工条件准备，不仅要为该单位工程做好开工前的一切准备，而且要为分部（分项）工程的作业条件做好施工准备工作。单位工程的施工准备工作完成，具备开工条件后，项目经理部应申请开工，递交开工报告，报审批后方可开工。对于实行建设监理的工程，企业还应将开工报告送监理工程师审批，由监理工程师签发开工通知书，在限定时间内开工，不得拖延。单位工程应具备的开工条件如下。

（1）施工图纸已经会审并有记录。

（2）施工组织设计已经审核批准并进行交底。

（3）施工图预算和施工预算已经编制并审定。

（4）施工合同已签订，施工证件已经审批齐全。

（5）现场障碍物已清除。

（6）场地已平整，施工道路已畅通，水源、电源已接通，排水沟渠畅通，能够满足施工的需要。

（7）材料、构件、半成品和生产设备等已经落实并能陆续进场，保证连续施工的需要。

（8）各种临时设施已经搭设，能够满足施工和生活的需要。

（9）施工机械、设备的安排已落实，先期使用的已运入现场，已试运转并能正常使用。

（10）劳动力安排已经落实，可以按时进场。现场安全守则、安全宣传牌已建立，安全、防火的必要设施已具备。

3. 分部（分项）工程作业条件准备

指以一个分部（分项）工程为施工对象而进行的作业条件准备。由于对某些施工难度大、技术复杂的分部（分项）工程，需要单独编制施工作业设计，应对其所采用的施工工艺、材料、机具、设备及安全防护设施等分别进行准备。

四、施工准备工作的要求

（一）施工准备应该有组织、有计划、有步骤地进行

1. 建立施工准备工作的组织机构，明确相应的管理人员。

2. 编制施工准备工作计划表，保证施工准备工作按计划落实。可将施工准备工作按工程的具体情况划分为开工前、地基基础工程、主体工程、屋面与装饰装修工程等时间区段，分期分阶段、有步骤地进行，为顺利进行下一阶段的施工创造条件。

（二）建立严格的施工准备工作责任制及相应的检查制度

由于施工准备工作项目多、范围广，时间跨度长，因此必须建立严格的责任制，按计划将责任落实到相关部门及个人，明确各级技术负责人在施工准备中应负的责任，使各级技术负责人认真做好施工准备工作。在施工准备工作实施过程中，应定期进行检查，可按周、半月、月度进行检查，主要检查施工准备工作计划的执行情况。

（三）坚持按基本建设程序办事，严格执行开工报告制度

根据《建设工程监理规范》的有关规定，工程项目开工前，当施工准备工作情况达到开工条件要求时，应向监理工程师报送工程开工报审表及开工报告等有关资料，由总监理工程师签发，并报建设单位后，在规定的时间内开工。

（四）施工准备工作必须贯穿施工全过程

施工准备工作不仅要在开工前集中进行，而且工程开工后，也要及时全面地做好各施工阶段的准备工作，并贯穿整个施工过程中。

（五）施工准备工作要取得各协作单位的友好支持与配合

由于施工准备工作涉及面广，因此除施工单位自身努力外，还要取得建设单位、监理单位、设计单位、供应单位、银行、行政主管部门、交通运输部门等的协作及相关单位的大力支持，以缩短施工准备工作的时间，争取早日开工。项目部应做到步调一致，分工负责，共同做好施工准备工作。

五、施工准备工作的内容

施工准备工作的内容，视该工程本身及其具备的条件而异，有的比较简单，有的十分复杂。例如只有一个单项工程的施工项目和包含多个单项工程的群体项目，一般的小型项目和规模庞大的大中型项目，新建项目和改扩建项目，在未开发地区兴建的项目和在已开发地区兴建的项目等，都因工程的特殊需要和特殊条件而对施工准备工作提出各不相同的具体要求。施工准备工作要贯穿整个施工过程的始终，根据施工顺序的先后，有计划、有步骤、分阶段进行。按准备工作的性质，施工准备工作大致归纳为六方面：建设项目的调查研究、资料收集，劳动组织的准备，施工技术资料的准备，施工物资的准备，施工现场的准备，季节性施工的准备。

六、施工准备工作的重要性

工程项目建设总的程序是按照计划、设计和施工三大阶段进行的，而施工阶段又分为施工准备、土建施工、设备安装、竣工验收等阶段。施工准备工作的基本任务是为拟建工程的施工准备必要的技术和物质条件，统筹安排施工力量和合理布置施工现场。施工准备工作是施工企业搞好目标管理，推行技术经济承包的重要前提。同时，施工准备工作还是土建施工和设备安装顺利进行的根本保证。因此，认真做好施工准备工作，对于发挥企业优势、合理供应资源、加快施工速度、提高工程质量、降低工程成本、增加企业经济效益等具有重要的意义。

第三节　建设工程组织协调

一、建设工程监理委托模式与实施程序

(一)建设工程监理委托模式

建设工程监理委托模式的选择与建设工程组织管理模式密切相关，监理委托模式对建设工程的规划、控制、协调起着重要作用。工程中常见的监理委托模式有以下几种：

1. 平行承发包模式条件下的监理委托模式

与建设工程平行承发包模式相适应的监理委托模式有以下三种主要形式：

(1)业主委托一家监理企业监理

这种监理委托模式是指业主只委托一家监理企业为其提供监理服务。这种委托模式要求被委托的监理企业具有较强的合同管理与组织协调能力，并能全面做好规划工作。监理企业的项目监理机构可以组建多个监理分支机构对各承建单位分别实施监理。在具体的监理过程中，项目总监理工程师应重点做好总体协调工作，加强横向联系，保证建设工程监理工作的有效运行。

(2)业主委托多家监理企业监理

这种监理委托模式是指业主委托多家监理企业为其提供监理服务。如果用这种委托模式，业主分别委托几家监理企业针对不同的承建单位实施监理。由于业主分别与多个监理单位签订委托监理合同，所以各监理单位之间的相互协作与配合需要由业主进行协调。采用这种监理委托模式，监理企业的监理对象相对单一，便于管理。但整个工程的建设监理工作被肢解，各监理企业各负其责，缺少一个对建设工程进行总体规划与协调控制的监理企业。因此，业主的协调工作量较大。

(3)业主委托"总监理工程师单位"进行监理的模式

为克服上述不足，在某些大中型项目的监理实践中，业主首先委托一个"总

监理工程师单位"总体负责建设工程的总规划和协调控制，再由业主和"总监理工程师单位"共同选择几家监理企业分别承担不同合同段的监理任务。在监理工作中，由"总监理工程师单位"负责协调、管理各监理单位的工作，大大减轻了业主的管理压力。

2. 设计或施工总分包模式条件下的监理委托模式

对设计或施工总分包模式，业主可以委托一家监理企业提供实施阶段全过程的监理服务，也可以按照设计阶段和施工阶段分别委托监理单位。前者的优点是监理企业可以对设计阶段和施工阶段的工程投资、进度、质量控制统筹考虑，合理进行总体规划协调，可以使监理工程师掌握设计思路与设计意图，有利于实施阶段的监理工作。后者的优点是各监理企业可以各自发挥自己的优势。

3. 项目总承包模式条件下的监理委托模式

在项目总承包模式下，由于业主和总承包单位签订的是总承包合同，业主应委托一家监理单位提供监理服务。在这种模式条件下，监理工作时间跨度大，监理工程师应具备较全面的知识，重点做好合同管理工作。虽然总承包单位对承包合同承担乙方的最终责任，但分包单位的资质、能力直接影响着工程质量、进度等目标的实现，所以在这种模式条件下，监理工程师必须做好对分包单位资质的审查、确认工作。

（二）建设工程监理实施程序

1. 确定项目总监理工程师，成立项目监理机构

监理单位应根据建设工程的规模、性质、业主对监理的要求，委派称职的人员担任项目总监理工程师，代表监理单位全面负责该工程的监理工作。

一般情况下，监理单位参与工程监理的投标、拟定监理方案（大纲）及与业主商签委托监理合同时，应选派称职的人员主持该项工作。在监理任务确定并签订委托监理合同后，该主持人即可作为项目总监理工程师。这样，项目的总监理工程师在承接任务阶段便可早早介入，更能了解业主的建设意图和对监理工作的要求，并能与后续工作更好地衔接。总监理工程师是建设工程监理工作的总负责人，对内向监理单位负责，对外向业主负责。

按照《建设工程监理规范》的规定，项目监理机构的组织形式和规模，应

当根据建设工程监理合同约定的服务内容、服务期限，以及工程特点、规模、技术复杂程度、环境等因素确定。监理机构的人员构成是监理投标书中的重要内容，监理人员由总监理工程师、专业监理工程师和监理员组成，且专业配套、数量满足监理工作需要，必要时可设总监理工程师代表。工程监理单位在建设工程监理合同签订以后，应及时把项目监理机构的组织形式、人员构成及对总监理工程师的任命书面通知建设单位。

2. 制定监理实施细则

在监理规划的指导下，对采用新材料、新工艺、新技术、新设备的工程，以及专业性较强、危险性较大的分部分项工程，应由专业监理工程师在相应工程施工前制定监理实施细则，并报送总监理工程师审批。

3. 规范化地开展监理工作

监理工作的规范化体现在以下几方面：

（1）工作的时序性

这是指监理的各项工作都应按一定的逻辑顺序先后展开，从而使监理工作能有效地达到目标而不致造成工作状态的无序和混乱。

（2）职责分工的严密性

建设工程监理工作是由不同专业、不同层次的专家群体共同完成的，他们之间严密的职责分工是协调进行监理工作的前提和实现监理目标的重要保证。

（3）工作目标的确定性

在职责分工的基础上，每一项监理工作的具体目标都应是确定的，完成的时间也应有时限规定，从而能通过报表资料对监理工作及其效果进行检查和考核。

4. 参与验收，签署建设工程监理意见

建设工程施工完成以后，监理企业应在正式验收前组织竣工预验收，在预验收中发现的问题，应及时与施工单位沟通，提出整改要求。监理企业应参加业主组织的工程竣工验收，签署监理企业意见。

5. 向业主提交建设工程监理档案资料

建设工程监理工作完成后，监理单位向业主提交的监理档案资料应在委托监理合同文件中约定。不管在合同中是否做出明确规定，监理单位提交的资料应符合有关规范规定的要求，一般应包括设计变更资料、工程变更资料、监理指令性文件、各种签证资料等。

6. 监理工作总结

监理工作完成后，项目监理机构应及时从两方面进行监理工作总结。

向业主提交的监理工作总结，其主要内容包括工程概况、项目监理机构、建设工程监理合同履行情况、监理工作成效、监理工作中发现的问题及其处理情况、说明和建议等内容。

向监理单位提交的监理工作总结，其主要内容包括：①监理工作的经验，可以是采用某种监理技术、方法的经验，也可以是采用某种经济措施、组织措施的经验，还可以是委托监理合同执行方面的经验或如何处理好与业主、承包单位关系的经验等；②监理工作中存在的问题及改进建议。

7. 实施监理的基本原则

监理单位受业主委托对建设工程实施监理时，应遵守以下基本原则。

（1）公平、独立、诚信、科学的原则

监理工程师在建设工程监理中必须尊重科学、尊重事实，组织各方协同配合，维护有关各方的合法权益。为此，必须坚持公平、独立、诚信、科学的原则。业主与承建单位虽然都是独立运行的经济主体，但他们追求的经济目标有差异，监理工程师应在按合同约定的权、责、利关系的基础上，协调双方的一致性。因此，工程监理单位在实施建设工程监理与相关服务时，要公平处理工作中出现的问题，独立地进行判断和行使职权，科学地为建设单位提供专业化服务，既要维护建设单位的合法权益，也不能损害其他有关单位的合法权益。只有按合同的约定建成工程，业主才能实现投资的目的，承建单位也才能实现自己生产的产品的价值，取得工程款和实现盈利。

（2）权责一致的原则

监理工程师承担的职责应与业主授予的权限相一致。监理工程师的监理职权，依赖于业主的授权。这种权力的授予，除体现在业主与监理单位之间签订的委托监理合同之中，还应作为业主与承建单位之间建设工程合同的合同条件。因此，监理工程师在明确业主提出的监理目标和监理工作内容要求后，应与业主协商，明确相应的授权，达成共识后明确反映在委托监理合同中及建设工程合同中。据此，监理工程师才能开展监理活动。

总监理工程师代表监理单位全面履行建设工程委托监理合同，承担合同中确定的监理方向业主方所承担的义务和责任。因此，在委托监理合同实施中，监理单位应给总监理工程师充分授权，体现权责一致的原则。

（3）总监理工程师负责制的原则

总监理工程师是工程监理全部工作的负责人。要建立和健全总监理工程师负责制，就要明确权、责、利之间的关系，健全项目监理机构，具有科学的运行制度和现代化的管理手段，形成以总监理工程师为首的高效能的决策指挥体系。

总监理工程师负责制的内涵包括以下几方面：

①总监理工程师是工程监理的责任主体。责任是总监理工程师负责制的核心，它构成了对总监理工程师的工作压力与动力，也是确定总监理工程师权力和利益的依据。所以总监理工程师应是向业主和监理单位所负责任的承担者。

②总监理工程师是工程监理的权力主体。根据总监理工程师承担责任的要求，总监理工程师全面领导建设工程的监理工作，包括组建项目监理机构，主持编制建设工程监理规划，组织实施监理活动，对监理工作进行总结、监督、评价。

（4）严格监理、热情服务的原则

严格监理是指各级监理人员严格按照国家政策、法规、规范、标准和合同控制建设工程的目标，依照既定的程序和制度，认真履行职责，对承建单位进行严格监理。

监理工程师还应为业主提供热情的服务。由于业主一般不熟悉建设工程管理与技术业务，监理工程师应按照委托监理合同的要求，多方位、多层次地为业主提供良好的服务，维护业主的正当权益。但是，也不能因此而一味地向各承建单位转嫁风险，从而损害承建单位的正当经济利益。

二、组织协调的概念

所谓协调就是以一定的组织形式、手段和方法对项目中产生的不畅关系进行疏通、对产生的干扰和障碍予以排除的活动。项目的协调其实就是一种沟通，沟通能够确保及时和适当地对项目信息进行收集、分发、储存和处理，并对可预见的问题进行必要的控制，以利于项目目标的实现。

　　项目系统是一个由人员、物质、信息等构成的人为组织系统，是由若干相互联系而又相互制约的要素有组织、有秩序地组成的具有特定功能和目标的统一体。项目的协调关系一般来说可以分为三大类：一是"人员/人员界面"；二是"系统/系统界面"；三是"系统/环境界面"。

（一）人员/人员界面

　　项目组织是人的组织，是由各类人员组成的。人的差别是客观存在的，由于每个人的经历、心理、性格、习惯、能力、任务、作用的不同，在一起工作时，必定存在潜在的人员矛盾或危机。这种人和人之间的间隔，就是所谓的"人员/人员界面"。

（二）系统/系统界面

　　如果把项目系统看作一个大系统，则可以认为它实际上是由若干个子系统组成的一个完整体系。各个子系统的功能不同，目标不同，内部工作人员的利益不同，容易产生各自为政的趋势和相互推脱的现象。这种子系统和子系统之间的间隔，就是所谓的"系统/系统界面"。

（三）系统/环境界面

　　项目系统在运作过程中，必须和周围的环境相适应，所以它必然是一个开放的系统。它能主动地从外部世界取得必要的能量、物质和信息。在这个过程中，存在许多障碍和阻力。这种系统与环境之间的间隔，就是所谓的"系统/环境界面"。

　　工程项目建设协调管理就是在人员/人员界面、系统/系统界面、系统/环境界面之间，对所有的活动及力量进行联结、联合、调和的工作。

　　由动态相关性原理可知，总体的作用规模要比各子系统的作用规模之和大，因而，要把系统作为一个整体来研究和处理。为顺利实现工程项目建设系统目标，必须重视协调管理，发挥系统整体功能。要保证项目的各参与方围绕项目开展工作，组织协调很重要，只有通过积极的组织协调才能使项目目标顺利实现。

三、项目监理组织协调的范围和层次

　　一般认为，协调的范围可以分为对系统内部的协调和对系统外层的协调。对项目监理组织来说，系统内部的协调包括项目监理部内部协调、项目监理部与监理企业的协调；从项目监理组织与外部世界的联系程度来看，项目监理组织的外层协调又可以分为近外层协调和远外层协调。近外层协调和远外层协调的主要区别是，项目监理组织与近外层关联单位一般有合同关系，包括直接的和间接的合同关系，如与业主、设计单位、总包单位、分包单位等的关系；和原外层关联单位一般没有合同关系，但受法律、法规和社会公德等的约束，如与政府、项目周边居民社区组织、环保、交通、环卫、绿化、文物、消防、公安等单位的关系。

四、项目监理组织协调的内容

（一）项目监理组织内部协调

项目监理组织内部协调包括人际关系和组织关系的协调。项目组织内部人际关系指项目监理部内部各成员之间及项目总监理工程师和下属之间的关系总和。内部人际关系的协调主要是指通过各种交流、活动，增进相互之间的了解和亲和力，促进相互之间的工作支持。另外，还可以通过调解、互谅互让来缓和工作之间的利益冲突，化解矛盾，增强责任感，提高工作效率。项目内部要用人所长，责任分明、实事求是地对每个人的绩效进行评价和激励。组织关系协调是指项目监理组织内部各部门之间工作关系的协调，如项目监理组织内部的岗位、职能、制度的设置等，具体包括各部门之间的合理分工和有效协作。分工和协作同等重要，合理的分工能保证任务之间平衡匹配，有效协作既避免了相互之间的利益分割，又提高了工作效率。组织关系的协调应注意以下几方面：

1. 要明确每个机构的职责。
2. 设置组织机构要以职能划分为基础。
3. 要通过制度明确各机构在工作中的相互关系。
4. 要建立信息沟通制度，制定工作流程图。
5. 要根据矛盾冲突的具体情况，及时、灵活地加以解决。

（二）项目监理组织进外层协调

近外层协调包括与业主、设计单位、总包单位、分包单位等的关系协调，项目与近外层关联单位一般有合同关系，包括直接的和间接的合同关系。工程项目实施的过程中，与近外层关联单位的联系相当密切，大量的工作需要互相支持和配合协调，能否如期实现项目监理目标，关键就在于近外层协调工作做得好不好。可以说，近外层协调是所有协调工作中的重中之重。

要做好近外层协调工作，必须做好以下几方面的工作。

1. 首先要理解项目总目标，理解建设单位的意图。项目总监理工程师必须了解项目构思的基础、起因、出发点，了解决策背景，并了解项目总目标。在此基础上，再对总目标进行分解，对其他近外层关联单位的目标也要做到心中有数。只有正确理解了项目目标，才能掌握协调工作的主动权，做到有的放矢。

2. 利用工作之便做好监理宣传工作，增进各关联单位对监理工作的理解，特别是对项目管理各方职责及监理程序的理解。虽然我国推行建设工程监理制度已有多年，可是社会对监理工作的性质还是有不少不正确的看法，甚至是误解。因此，监理单位应当在工作中尽可能地主动做好宣传工作，争取到各关联单位对自己工作的支持。如主动帮助建设单位处理项目中的事务性工作，以自己规范化、标准化、制度化的工作去影响和促进双方工作的协调一致。

3. 以合同为基础，明确各关联单位的权利和义务，平等地进行协调。工程项目实施的过程中，合同是所有关联单位的最高行为准则和规范。合同规定了相关工程参与单位的权利和义务，所以必须有牢固的合同观念，要清楚哪些工作是由什么单位做的，应在什么时候完成，要达到什么样的标准。如果出现问题，是哪个单位的责任，同时也要清楚自己的义务。例如，在工程实施过程中，承包单位如果违反合同，监理必须以合同为基础，坚持原则，实事求是，严格按规范、规程办事。只有这样，才能做到有理有据，在工作中树立监理的权威。

4. 尊重各相关联单位。近外层相关联单位在一起参与工程项目建设，说到底最终目标还是一致的，就是完成项目的总目标。因而，在工程实施的过程中，出现问题、纠纷时一定要本着互相尊重的态度进行处理。对于承包单位，监理工程师应强调各方面利益的一致性和项目总目标，尽量减少对承包单位行使处罚权或经常以处罚相威胁，应鼓励承包单位将项目实施状况、实施结果及遇到的困难和意见向自己汇报，以寻找对目标控制可能的干扰。双方了解得越多、越深刻，监理工作中的对抗和争执就越少，出现索赔事件的可能性就越小。一个懂得坚持原则，又善于理解尊重承包单位项目经理的意见，工作方法灵活，随时可能提出或愿意接受变通办法的监理工程师肯定是受欢迎的，因而他的工作必定是高效的。

对分包单位的协调管理，主要是对分包单位明确合同管理范围，分层次管理。将总包合同作为一个独立的合同单元进行投资、进度、质量控制和合同管理，不直接和分包合同发生关系。对分包合同中的工程质量、进度进行直接跟踪监控，通过总包商进行调控、纠偏。分包商在施工中发生的问题，由总包商负责协调处理，必要时监理工程师帮助协调。当分包合同条款与总包合同条款发生抵触时，以总包合同条款为准。此外，分包合同不能解除总包商对总包合同所承担的任何责任和义务，分包合同发生的索赔问题，一般由总包商负责，涉及总包合同中业主义务和责任时，由总包商通过监理工程师向业主提出索赔，由监理工程师进行协调。

对于建设单位，尽管有预定的目标，但项目实施必须执行建设单位的指令，使建设单位满意。如果建设单位提出某些不适当的要求，监理一定要把握好，如果一味迁就，则势必造成承包单位的不满，对监理工作的公正性产生怀疑，也给自己的工作带来不便。此时，可利用适当时机，采取适当方式加以说明或解释，尽量避免发生误解，以使项目进行顺利。对于设计单位，监理单位和设计单位之间没有直接的合同关系，但从工程实施的实践来看，监理和设计之间的联系还是相当密切的。设计单位为工程项目建设提供图纸及工程变更设计图纸等，是工程项目的主要相关联单位之一。

在协调的过程中，一定要尊重设计单位的意见。例如，主动组织设计单位介绍工程概况、设计意图、技术要求、施工难点等；在图纸会审时请设计单位交底，明确技术要求，把标准过高、设计遗漏、图纸差错等问题解决在施工之前；在施工阶段，严格监督承包单位按设计图施工，主动向设计单位介绍工程进展情况，以便促使他们按合同规定或提前出图；若监理单位掌握比原设计更先进的新技术、新工艺、新材料、新结构、新设备，可主动向设计单位推荐，支持设计单位技术革新等；为使设计单位有修改设计的余地而不影响施工进度，可与设计单位达成协议，限定一个期限，争取设计单位、承包单位的理解和配合，如果逾期，设计单位要负责由此而造成的经济损失；结构工程验收、专业工程验收、竣工验收等工作，请设计代表参加；若发生质量事故，应认真听取设计单位的处理意见；在施工中，发现设计问题，应及时主动通过建设单位向设计单位提出，以免造成大的直接损失。

5. 注重语言艺术和感情交流。协调不仅是方法问题、技术问题，更多的是语言艺术、感情交流。同样的一句话，在不同的时间、地点，以不同的语气、语速说出来，给当事人的感觉会是大不一样的，所产生的效果也会不同。所以，有时我们会看到，尽管协调意见是正确的，但由于表达方式不妥，反而会激化矛盾。而高超的协调技巧和能力则往往起到事半功倍的效果，令各方面都满意。在协调的过程中，要多换位思考，多做感情交流，只有在工作中不断积累经验，才能提高协调能力。

（三）项目监理组织员外层协调

远外层与项目监理组织不存在合同关系，只是通过法律、法规和社会公德来进行约束、相互支持、密切配合、共同服务于项目目标。在处理关系和解决矛盾过程中，应充分发挥中介组织和社会管理机构的作用。一个工程项目的开展还受政府及其他单位的影响，如政府部门、金融组织、社会团体、服务单位、新闻媒介等，都对工程项目起着一定的或决定性的控制、监督、支持、帮助作用，这层关系若协调不好，工程项目实施也可能受到影响。

1. 与政府部门的协调

（1）监理单位在进行工程质量控制和质量问题处理时，要做好与工程质量监督站的交流和协调。工程质量监督站是由政府授权的工程质量监督的实施机构。对委托监理的工程，工程质量监督站主要是核查勘察设计、施工承包单位和监理单位的资质，监督项目管理程序和抽样检验。当参加验收各方对工程质量验收意见不一致时，可请当地建设行政主管部门或工程质量监督机构协调处理。

（2）当发生重大质量、安全事故时，监理单位在配合承包单位采取急救、补救措施的同时，应督促承包单位立即向政府有关部门报告情况，接受检查和处理，应当积极主动配合事故调查组的调查。如果事故的发生有监理单位的责任，则应当主动要求回避。

（3）建设工程合同应当送公证机关公证，并报政府建设管理部门备案；征地、拆迁、移民要争取政府有关部门的支持和协调；现场消防设施的配置，宜请消防部门检查认可；施工中还要注意防止环境污染，特别是防止噪声污染，坚持做到文明施工，同时督促承包单位协调好和周围单位及居民区的关系。

2. 与社会团体关系的协调

一些大中型工程项目建成后，不仅会给建设单位带来效益，还会给该地区的经济发展带来好处，同时会给当地人民生活带来方便，因此，必然会引起社会各界的关注。建设单位和监理单位应把握机会，争取社会各界对工程建设的关心和支持，如争取媒体、社会组织或团体的关心和支持，这是一种对社会环境的协调。根据目前的工程监理实践来看，对外部环境协调，由建设单位负责主持，监理单位主要是针对一些技术性工作进行协调。如建设单位和监理单位对此有分歧，可在委托监理合同中详细注明。做好远外层的协调，争取到相关部门和社团组织的理解和支持，对顺利实现项目目标来说是必需的。

五、项目监理组织协调的方法

组织协调工作千头万绪，涉及面广，受主观和客观因素影响较大。为保证监理工作顺利进行，要求监理工程师知识面要宽，要有较强的工作能力，能够因地制宜、因时制宜地处理问题。监理工程师组织协调可采用以下方法：

（一）会议协调法

工程项目监理实践中，会议协调法是最常用的一种协调方法。一般来说，它包括第一次工地会议、监理例会、专题现场协调会等。

1. 第一次工司会议

第一次工地会议是在建设工程尚未全面展开前，由参与工程建设的各方互相认识、确定联络方式的会议，也是检查开工前各项准备工作是否就绪并明确监理程序的会议。会议由建设单位主持召开，建设单位、承包单位和监理单位的授权代表必须出席，必要时分包单位和设计单位也可参加，各方将在工程项目中担任主要职务的负责人及高级人员也应参加。第一次工地会议很重要，是项目开展前的宣传通报会。

第一次工地会议应包括以下主要内容：

（1）建设单位、承包单位和监理单位分别介绍各自驻现场的组织机构、人员及其分工。

（2）建设单位根据委托监理合同宣布对总监理工程师的授权。

（3）建设单位介绍工程开工准备情况。

（4）承包单位介绍施工准备情况。

（5）建设单位和总监理工程师对施工准备情况提出意见和要求。

（6）总监理工程师介绍监理规划的主要内容。

（7）研究确定各方在施工过程中参加工地例会的主要人员，召开工地例会周期、地点及主要议题。

第一次工地会议纪要应由项目监理机构负责起草，并经与会各方代表会签。

2. 监理例会

监理例会是由监理工程师组织与主持，按一定程序召开，研究施工中出现的计划、进度、质量及工程款支付等问题的工地会议。参加者有总监理工程师代表及有关监理人员、承包单位的授权代表及有关人员、建设单位代表及其有关人员。监理例会召开的时间根据工程进展情况安排，一般有周、旬、半月和月度例会等几种。工程监理中的许多信息和决定是在监理例会上获得和产生的，协调工作大部分也是在此进行的，因此监理工程师必须重视监理例会。

由于监理例会定期召开，一般均按照一个标准的会议议程进行，主要是对进度、质量、投资的执行情况进行全面检查，交流信息，并提出对有关问题的处理意见及今后工作中应采取的措施。此外，还要讨论延期、索赔及其他事项。监理例会的主要议题如下：

（1）对上次会议存在问题的解决和纪要的执行情况进行检查。

（2）工程进展情况。

（3）对下月（或下周）的进度预测。

（4）施工单位投入的人力、设备情况。

（5）施工质量、加工订货、材料的质量与供应情况。

（6）有关技术问题。

（7）索赔工程款支付。

（8）业主对施工单位提出的违约罚款要求。

会议记录由监理工程师形成纪要，经与会各方认可，然后分发给有关单位。

会议纪要内容如下：

（1）会议地点及时间。

（2）出席者姓名、职务及其代表的单位。

（3）会议中发言者的姓名及其发言的主要内容。

（4）决定事项。

（5）诸事项分别由何人何时执行。

监理例会举行的次数较多，一定注意要防止流于形式。监理工程师要对每次监理例会进行预先筹划，使会议内容丰富，针对性强，才可以真正发挥协调作用。

3. 专题现场协调会

除定期召开工地监理例会以外，还应根据项目工程实施需要组织召开一些专题现场协调会议，如对一些工程中的重大问题及不宜在监理例会上解决的问题，根据工程施工需要，可召开有相关人员参加的现场协调会。如对复杂施工方案或施工组织设计审查、复杂技术问题的研讨、重大工程质量事故的分析和处理、工程延期、费用索赔等进行协调，可在会上提出解决办法，并要求相关方及时落实。

专题现场协调会一般由监理单位（或建设单位）或承包单位提出，由总监理工程师及时组织。参加专题会议的人员应根据会议的内容确定，除建设单位、承包单位和监理单位的有关人员外，还可以邀请设计人员和有关部门人员参加。由于专题现场协调会研究的问题重大，又比较复杂，因此会前应与有关单位一起做好充分的准备，如进行调查、收集资料，以便介绍情况。有时为使协调会达成更好的共识，避免在会议上形成冲突或僵局，或为更快地达成一致，可以先将会议议程打印发给各位参加者，并可以就议程与一些主要人员预先磋商，这样才能在有限的时间内，让有关人员充分地研究并得出结论。会议过程中，监理工程师应能驾驭会议局势，防止不正常的干扰影响会议的正常秩序。对于专题现场协调会，也要求有会议记录和纪要，作为监理工程师存档备查的文件。

（二）交谈协调法

并不是所有问题都需要开会来解决，有时可采用"交谈"这一方法。交谈包括面对面交谈和电话交谈两种形式。由于交谈本身没有合同效力，加上其方便性和及时性，所以建设工程参与各方之间及监理机构内部都愿意采用这一方法进行协调。实践证明，交谈是寻求协作和帮助的最好方法，因为在寻求别人的帮助和协作时，往往要及时了解对方的反应和意见，以便采取相应的对策。另外，相对于书面寻求协作，人们更难拒绝面对面的请求。因此，采用交谈方式请求协作和帮助比采用书面方法实现的可能性要大，无论是内部协调还是外部协调，这种方法的使用频率都是相当高的。

（三）书面协调法

当其他协调方法效果不好或需要精确地表达自己的意见时，可以采用书面协调的方法。书面协调法的最大特点是具有合同效力，包括以下几类：

1. 监理指令、监理通知、各种报表、书面报告等。

2. 以书面形式向各方提供详细信息和情况通报的报告、信函和备忘录等。

3. 会议记录、纪要、交谈内容或口头指令的书面确认。

各相关方对各种书面文件一定要严肃对待，因为它具有合同效力。例如对承包单位来说，监理工程师的书面指令或通知是具有一定强制力的，即使有异议，也必须执行。

（四）访问协调法

访问协调法主要用于远外层的协调工作，也可以用于建设单位和承包单位的协调工作，有走访和邀访两种形式。走访是指协调者在建设工程施工前或施工过程中，对与工程施工有关的各政府部门、公共事业机构、新闻媒介或工程毗邻单位等进行访问，向他们介绍工程的情况，了解他们的意见。邀访是指协调者邀请相关单位代表到施工现场对工程进行查看，了解现场工作。因为在多数情况下，这些有关单位并不了解工程，不清楚现场的实际情况，如果进行一些不恰当的干预，会对工程产生不利影响，此时采用访问法可能是一个相当有效的协调方法。大多数情况下，远外层的协调工作一般由建设单位主持，监理工程师主要起协助作用。

总之，组织协调是一种管理艺术和技巧，监理工程师尤其是项目总监理工程师需要掌握领导科学、心理学、行为科学方面的知识和技能，如激励、交际、表扬和批评的艺术，开会的艺术，谈话的艺术和谈判的技巧等。而这些知识和能力的获得需要在工作实践中不断积累和总结，是一个长期的过程。

第二章

建筑工程绿色施工

第一节　地基与基础结构的绿色施工综合技术

一、深基坑双排桩加旋喷锚桩支护的绿色施工技术

（一）双排桩加旋喷锚桩技术适用条件

双排桩加旋喷锚桩基坑支护方案的选定须综合考虑工程的特点和周边的环境要求，在满足地下室结构施工及确保周边建筑安全可靠的前提下尽可能地做到经济合理，方便施工及提高工效。其适用于如下情况：①基坑开挖面积大、周长长、形状较规则、空间效应非常明显，尤其应慎防侧壁中段变形过大。②基坑开挖深度较深，周边条件各不相同，差异较大，有的侧壁比较空旷，有的侧壁条件较复杂；基坑设计应根据不同的周边环境及地质条件进行设计，以实现"安全、经济、科学"的设计目标。③基坑开挖范围内，如基坑中下部及底部存在粉土、粉沙层，一旦发生流沙，基坑稳定将受到影响。④地下水主要为表层素填土中的上层滞水及赋存的微承压水，应做好基坑止水降水措施。

（二）双排桩加旋喷锚桩支护技术

1. 钻孔灌注桩结合水平内支撑支护技术

水平内支撑的布置可采用东西对撑并结合角撑的形式布置，该技术方案对周边环境影响较小，但该方案存在两个缺点：一是没有施工场地，考虑工程施工场地太过紧张因素，若按该技术方案实施的话则基坑无法分块施工，周边安排好办公区、临时道路等基本临设后，已无任何施工场地。二是施工工期延长，内支撑的浇筑、养护、土方开挖及后期拆撑等施工工序均增加施工周期，建设单位无法接受。

2. 单排钻孔灌注桩结合多道旋喷锚桩支护技术

锚杆体系除常规锚杆以外还有一种新型的锚杆形式叫加筋水泥土桩锚。加筋水泥土是指插入加劲体的水泥土，加劲体可采用金属的或非金属的材料。它采用专门机具施作，直径 200~1 000 mm，可为水平向、斜向或竖向的等截面、变截面或有扩大头的桩锚体。加筋水泥土桩锚支护是一种有效的土体支护与加固技术，其特点是钻孔、注浆、搅拌和加筋一次完成，适用于沙土、黏性土、粉土、杂填土、黄土、淤泥、淤泥质土等土层中的基坑支护和土体加固。加筋水泥土桩锚可有效解决粉土、粉沙中锚杆施工困难问题，且锚固体直径远大于常规锚杆锚固体直径，所以可提供锚固力大于常规锚杆。

该技术可根据建筑设计的后浇带的位置分块开挖施工，则场地有足够的施工作业面，并且相比内支撑可节约一定的工程造价。该技术不利的一点是若采用"单排钻孔灌注桩结合多道旋喷锚桩"支护形式，加筋水泥土桩锚下层土开挖时，上层的斜桩锚必须有 14 天以上的养护时间并已张拉锁定，多道旋喷锚桩的施工对土方开挖及整个地下工程施工会造成一定的工期影响。

3. 双排钻孔灌注桩结合一道旋喷锚桩支护技术

为满足建设单位的工期要求，须减少桩锚道数，但桩锚道数减少势必会减少支点，引起围护桩变形及内力过大，对基坑侧壁安全造成较大的影响。双排桩支护形式前后排桩拉开一定距离，各自分担部分土压力，两排桩桩顶通过刚度较大的压顶梁连接，由刚性冠梁与前后排桩组成一个空间超静定结构，整体刚度很大，加上前后排桩形成与侧压力反向作用的力偶的原因，使双排桩支护结构位移相比单排悬臂桩支护体系而言明显减少。但纯粹双排桩悬臂支护形式相比桩锚支护体系变形较大，且对于太深的基坑很难有安全保证。

（三）基坑支护设计技术

1. 深基坑支护设计计算

双排钻孔灌注桩结合一道旋喷锚桩的组合支护形式是一种新型的支护形式，该类支护形式目前的计算理论尚不成熟。应根据理论计算结果，结合等效刚度法和分配土压力法进行复合计算，以确保基坑安全。

（1）等效刚度法设计计算

等效刚度法理论基于抗弯刚度等效原则，将双排桩支护体系等效为刚度较大的连续墙，这样双排桩加锚桩支护体系就等效为连续增加锚桩的支护形式，采用弹性支点法计算出锚桩所受拉力。例如前排桩直径 0.8 m，桩间净距 0.7 m，后排桩直径 0.7 m，桩间净距 0.8 m，桩间土宽度 1.25 m，前后排桩弹性模量为 3×10^4 N/mm^2。经计算，可等效为 2.12 m 宽连续墙。该计算方法的缺点在于没能将前后排桩分开考虑，因此无法计算前后排桩各自的内力。

（2）分配土压力法设计计算

根据土压力分配理论，前后排桩各自分担部分土压力，土压力分配比根据前后排桩桩间土体积占总的滑裂面土体体积的比例计算。假设前后排桩排距为 L，土体滑裂面与桩顶水平面交线至桩顶距离为 L_0，则前排桩土压力分配系数 $\alpha_r = \dfrac{2L}{L_0} - (L/L_0)^2$。将土压力分别分配到前后排桩上，则前排桩可等效为围护桩结合一道旋喷锚桩的支护形式，按桩锚支护体系单独计算。后排桩通过刚性压顶梁与前排桩连接，因此后排桩桩顶作用有一个支点，可按围护桩结合一道支撑计算。该方法可分别计算出前后排桩的内力，弥补等效刚度法计算的不足。基坑前后排桩排距 2 m，根据计算可知前（后）排桩分担土压力系数为 0.5。通过以上两种方法对理论计算结果进行校核，得到最终的计算结果，进行围护桩的配筋与旋喷锚桩的设计。

2. 基坑支护设计

基坑支护采用上部放坡 2.3m+花管土钉墙，下部前排 Φ800@1 500 钻孔灌注桩、后排 ΦΦ700@1 500 钻孔灌注桩+1 道旋喷锚桩支护形式，前后排排距 2 m，双排桩布置形式采用矩形布置，灌注桩及压顶冠梁与连梁混凝土设计强度等级均为 C30。地下水的处理采取 Φ850@600 三轴搅拌桩全封闭止水结合坑内疏干井疏干的地下水处理技术方案。

3. 支护体系的内力变形分析

基坑开挖必然会引起支护结构变形和坑外土体位移，在支护结构设计中预估基坑开挖对环境的影响程度并选择相应措施，能够为施工安全和环境保护提供理论指导。

（四）基坑支护绿色施工技术

1. 钻孔灌注桩绿色施工技术

基坑钻孔灌注桩混凝土强度等级为水下 C30，压顶冠梁混凝土等级 C30，灌注桩保护层为 50 mm；冠梁及连梁结构保护层厚度 30 mm；灌注桩沉渣厚度不超过 100 mm，充盈系数 1.05~1.15，桩位偏差不大于 100 mm，桩径偏差不大于 50 mm，桩身垂直度偏差不大于 1/200。钢筋笼制作应仔细按照设计图纸，避免放样错误，并同时满足国家相关规范要求。灌注桩钢筋采用焊接接头，单面焊 10 d（d 为钢筋直径），双面焊 5 d，同一截面接头不大于 50%，接头间相互错开 35d，坑底上下各 2 m 范围内不得有钢筋接头，90°弯锚度不小于 12d。为保证粉土粉沙层成桩质量，施工时应根据地质情况采取优质泥浆护壁成孔、调整钻进速度和钻头转速等措施，或通过成孔试验确保围护桩跳打成功。

灌注桩施工时应严格控制钢筋笼制作质量和钢筋笼的标高，钢筋笼全部安装入孔后，应检查安装位置，特别是钢筋笼在坑内侧和外侧配筋的差别，确认符合要求后，将钢筋笼吊筋进行固定，固定必须牢固、有效。混凝土灌注过程中应防止钢筋笼上浮和低于设计标高。如果桩顶标高负于地面较多，桩顶标高不容易控制，应防止桩顶标高过低造成烂桩头。灌注过程将近结束时安排专人测量导管内混凝土面标高，防止桩顶标高过低造成烂桩头或灌注过高造成不必要的浪费。

2. 旋喷锚桩绿色施工技术

基坑支护设计加筋水泥土桩锚采用旋喷桩，考虑到保护周边环境等的重要性，施工的机具为专用机具——慢速搅拌中低压旋喷机具。该钻机的最大搅拌旋喷直径达 1.5 m，最大施工（长）深度达 35 m，须搅拌旋喷直径为 500 mm，施工深度为 24 m。旋喷锚桩施工应与土方开挖紧密配合，正式施工前应先开挖按锚桩设计标高为准低于标高面向下 300 mm 左右、宽度为不小于 6 m 的锚桩沟槽工作面。

旋喷锚桩施工应采用钻进、注浆、搅拌、插筋的方法。水泥浆采用 42.5 级普通硅酸盐水泥，水泥掺入量 20%，水灰比 0.7（可视现场土层情况适当调整），水泥浆应拌和均匀，随拌随用，一次拌和的水泥浆应在初凝前用完。旋喷搅拌的压力为 29MPa，旋喷喷杆提升速度为 20~25 cm/min，直至浆液溢出孔外，旋喷注浆应保证扩大头的尺寸和锚桩的设计长度。锚筋采用 3~4 根 415.2 预应力钢绞线制作，每根钢绞线抗拉强度标准值为 1860MPa，每根钢绞线由 7 根钢丝铰合而成，桩外留 0.7m 以便张拉。钢绞线穿过压顶冠梁时自由段钢绞线与土层内斜拉锚杆要呈一条直线，自由段部位钢绞线须加 Φ60 塑料套管，并做防锈、防腐处理。

正式张拉前先用 20% 锁定荷载预张拉两次，再以 50%、100% 的锁定荷载分级张拉，然后超张拉至 110% 设计荷载，在超张拉荷载下保持 5 min，观测锚头无位移现象后再按锁定荷载锁定，锁定拉力为内力设计值的 60%。锚桩的张拉，其目的就是要通过张拉设备使锚桩自由段产生弹性变形，从而对锚固结构施加所需的预应力值，在张拉过程中应注重张拉设备选择、标定、安装、张拉荷载分级、锁定荷载及量测精度等方面的质量控制。

（五）地下水处理的绿色施工技术

1. 三轴搅拌桩全封闭止水技术

基坑侧壁采用三轴深层搅拌桩全封闭止水，32.5 复合水泥，水灰比 1.3，桩径 850 mm，搭接长度 250 mm，水泥掺量 20%，28d 抗压强度不小于 1.0MPa，坑底加固水泥掺量 12%。三轴搅拌施工按顺序进行，其中阴影部分为重复套钻，保证墙体的连续性和接头的施工质量，保证桩与桩之间充分搭接，以达到止水作用。施工前做好桩机定位工作，桩机立柱导向架垂直度偏差不大于 1/250。相邻搅拌桩搭接时间不大于 15 h，因故搁置超过 2 h 以上的拌制浆液不得再用。

三轴搅拌桩在下沉和提升过程中均应注入水泥浆液，同时严格控制下沉和提升速度。根据设计要求和有关技术资料规定，搅拌下沉速度宜控制在 0.5~1.0 m/min，提升速度宜控制在 1.0~1.5 m/min，但在粉土、粉沙层提升速度应控制在 0.5 m/min 以内，并视不同土层实际情况控制提升速度。若基坑工程相对较大，三轴水泥土搅拌桩不能保证连续施工，在施工中会遇到搅拌桩的搭接问题，为保证基坑的止水效果，在搅拌桩搭接的部位采用双管高压旋喷桩进行冷缝处理。

2. 坑内管井降水技术

基坑内地下水采用管井降水，内径 400 mm，间距约 20 m。管井降水设施在基坑挖土前布置完毕，并进行预抽水，以保证有充足的时间最大限度降低土层内的地下潜水及降低微承压水头，保证基坑边坡的稳定性。

管井施工的工艺流程：井管定位→钻孔、清孔→吊放井管→回填滤料、洗井→安装深井降水装置→调试→预降水→随挖土进程分节拆除井管，管井顶标高应高于挖土面标高 2 m 左右→降水至坑底以下 1 m→坑内布置盲沟，坑内管井由盲沟串联成一体，坑内管井管线由垫层下盲沟接出排至坑外→基础筏板混凝土达到设计强度后根据地下水位情况暂停部分坑中管井的降排水→地下室坑外回填完成停止坑边管井的降水→退场。

管井的定位采用极坐标法精确定位，避开桩位，并避开挖土主要运输通道位置，严格做好管井的布置质量以保证管井抽水效果，管井抽水潜水泵采用根据水位自动控制。

（六）基坑监测技术

根据相关规范及设计要求，为保证围护结构及周边环境的安全，确保基坑的安全施工，结合深基坑工程特点、现场情况及周边环境，主要对以下项目进行监测：围护结构（冠梁）顶水平、垂直位移；围护桩桩体水平位移；土体深层水平位移；坡顶水平、垂直位移；基坑内外地下水位；周边道路沉降；周边地下管线的沉降；锚索拉力等。

基坑监测测点间距不大于 20 m，所有监测项目的测点在安装、埋设完毕后，在基坑开始挖土前须进行初始数据的采集且次数不少于 3 次，监测工作从支护结构施工开始前进行，直至完成地下结构工程的施工。较为完整的基坑监测系统需要对支护结构本身的变形、应力进行监测；同时对周边邻近建构筑物、道路及地下管线沉降等也进行监测以及时掌握周边的动态。在施工监测过程中，监测单位及时提供各项监测成果，出现问题及时提出有关建议和警报，设计人员及施工单位及时采取措施，从而确保支护结构的安全，最终实现绿色施工。

二、超深基坑开挖期间基坑监测的绿色施工技术

（一）超深基坑监测绿色施工技术概述

随着城市建设的发展，向空中求发展、向地下深层要土地便成了建筑商追求经济效益的常用手段，随之产生了深基坑施工问题。在深基坑施工过程中，由于

地下土体性质、荷载条件、施工环境的复杂性和不确定性，仅根据理论计算及地质勘察资料和室内土工试验参数来确定设计和施工方案，往往含有许多不确定因素，尤其是对于复杂的大中型工程或环境要求严格的项目。对在施工过程中引发的土体性状、周边环境、邻近建筑物、地下设施变化的监测已成了工程建设必不可少的重要环节。

根据广义胡克定律所反映的应力应变关系，界面结构的内力、抗力状态必将反映到变形上来。因此，可以建立以变形为基础来分析水土作用与结构内力的方法，预先根据工程的实际情况设置各类具有代表性的监测点；施工过程中运用先进的仪器设备，及时从各监测点获取准确可靠的数据资料，经计算分析后，向有关各方汇报工程环境状况和趋势分析图表，从而围绕工程施工建立起高度有效的工程环境监测系统；要求系统内部各部分之间与外部各方之间保持高度协调和统一，从而起到的作用包括：为工程质量管理提供第一手监测资料和依据，可及时了解施工环境中地下土层、地下管线、地下设施、地面建筑在施工过程中所受的影响及影响程度；可及时发现和预报险情的发生及险情的发展程度；根据一定的测量限值做预警预报，及时采取有效的工程技术措施和对策，确保工程安全，防止工程破坏事故和环境事故发生；靠现场监测提供动态信息反馈来指导施工全过程，优化诸相关参数，进行信息化施工；可通过监测数据来了解基坑的设计强度，为今后降低工程成本指标提供设计依据。

（二）超深基坑监测绿色施工技术特点

深基坑施工通过人工形成一个坑用挡土、隔水界面，由于水土物理性能随空间、时间变化很大，对这个界面结构形成了复杂的作用状态。水土作用、界面结构内力的测量技术复杂，费用高，该技术用变形测量数据，利用建立的力学计算模型，分析得出当前的水土作用和内力，用以进行基坑安全判别。

深基坑施工监测具有时效性：基坑监测通常是配合降水和开挖过程，有鲜明的时间性。测量结果是动态变化的，一天以前的测量结果都会失去直接的意义。因此深基坑施工中监测须随时进行，通常是每天一次，在测量对象变化快的关键时期，可能每天须进行数次。基坑监测的时效性要求对应的方法和设备具有采集数据快、全天候工作的能力，甚至适应夜晚或大雾天气等严酷的环境条件。

深基坑施工监测具有高精度性：由于正常情况下基坑施工中的环境变形速率可能在 0.1 mm/d 以下，要测到这样的变形精度，就要求基坑施工中的测量采用一些特殊的高精度仪器。

深基坑施工监测具有等精度性：基坑施工中的监测通常只要求测得相对变化值，而不要求测量绝对值。基坑监测要求尽可能做到等精度，要求使用相同的仪器，在相同的位置上，由同一观测者按同一方案施测。

（三）超深基坑监测绿色施工技术的工艺流程

超深基坑监测绿色施工技术适用于开挖深度超过 5 m 的深基坑开挖过程中围护结构变形及沉降监测，周边环境包括建筑物、管线、地下水位、土体等变形监测，基坑内部支撑轴力及立柱等的变形监测。

对深基坑施工的监测内容通常包括：水平支护结构的位移；支撑立柱的水平位移、沉降或隆起；坑周土体位移及沉降变化；坑底土体隆起；地下水位变化及相邻建构筑物、地下管线、地下工程等保护对象的沉降、水平位移与异常现象等。

（四）超深基坑监测绿色施工技术的技术要点

1. 监测点的布置

监测点布设合理方能经济有效，监测项目的选择必须根据工程的需要和基地的实际情况而定。在确定监测点的布设前，必须知道基地周边的环境条件、地质情况和基坑的围护设计方案，再根据以往的经验和理论的预测来考虑监测点的布设范围和密度。能埋的监测点应在工程开工前埋设完成，并应保证有一定的稳定期，在工程正式开工前，各项静态初始值应测取完毕。沉降、位移的监测点应直接安装在被监测的物体上。道路地下管线若无条件开挖样洞设点，则可在人行道上埋设水泥桩作为模拟监测点，此时的模拟桩的深度应稍大于管线深度，且地表应设井盖保护，不至于影响行人安全；如果马路上有管线井、阀门管线设备等，则可在设备上直接设点观测。

2. 周边环境监测点的埋设

周边环境监测点埋设按现行国家有关规范的要求，常规为基坑开挖深度的 3

倍范围内的地下管线及建筑物进行监测点的埋设。监测点埋设一般原则为：管线取最老管线、硬管线、大管线，尽可能取露出地面的如阀门、消防栓、窨井作为监测点，以便节约费用。管线监测点埋设采用长约 80 mm 的钢钉打入地面，管线监测点同时代表路面沉降；房屋监测点尽可能利用原有沉降点，不能利用的地方用钢钉埋设。

3. 基坑围护结构检测点的埋设

基坑围护墙顶沉降及水平位移监测点埋设：在基坑围护墙顶间隔 10~15 m 埋设长 10 cm、顶部刻有 "+" 字丝的钢筋作为垂直及水平位移监测点。

围护桩身测斜孔埋设：根据基坑围护实际情况，考虑基坑在开挖过程中坑底的变形情况，测斜管应根据地质情况，埋设在那些比较容易引起塌方的部位，一般按平行于基坑围护结构以 20~30 m 的间距布设，测斜管采用内径 60 mm PVC 管。测斜管与围护灌注桩或地下连续墙的钢筋笼绑扎在一道，埋深约与钢筋笼同深，接头用自攻螺丝拧紧，并用胶布密封，管口加保护钢管，以防损坏。管内有两组互为 90° 的导向槽，导向槽控制了测试方位，下钢筋笼时使其一组垂直于基坑围护，另一组平行于基坑围护并保持测斜管竖直，测斜管埋设时必须有施工单位配合。

坑外水位测量孔埋设：基坑在开挖前必须要降低地下水位，但在降低地下水位后有可能引起坑外地下水位向坑内渗漏，地下水的流动是引起塌方的主要因素，所以地下水位的监测是保证基坑安全的重要内容。水位监测管的埋设应根据地下水文资料，在含水量大和渗水性强的地方，在紧靠基坑的外边，以 20~30m 的间距平行于基坑边埋设。水位监测孔埋设方法如下：用 30 型钻机在设计孔位置钻至设计深度，钻孔清孔后放入 PVC 管，水位监测管底部使用透水管，在其外侧用滤网扎牢并用黄沙回填孔。

支撑轴力监测点埋设：支撑轴力监测利用应力计，它的安装须在围护结构施工时请施工单位配合安装。一般选方便的部位，选几个断面，每个断面装两只应力计，以取平均值；应力计必须用电缆线引出，并编好号。编号可购置现成的号码圈，套在线头上，也可用色环来表示，色环编号的传统习惯是用黑、棕、红、橙、黄、绿、蓝、紫、灰、白分别代表数字 0、1、2、3、4、5、6、7、8、9。

土压力和孔隙水压力监测点埋设：土压力计和孔隙水压力计是监测地下土体

应力和水压力变化的手段。土压力计要随基坑围护结构施工时一起安装，注意它的压力面须向外；每孔埋设土压力盒数量根据挖深而定，每孔第一个土压力盒从地面下 5 m 开始埋设，以后沿深度方向间隔 5 m 埋设一个，采用钻孔法埋设。首先，将压力盒的机械装置焊接在钢筋上，钻孔清孔后放入，根据压力盒读数的变化可判定压力盒安装的状况，安装完毕后采用泥球细心回填密实。根据力学原理，压力计应安装在基坑的隐患处围护桩的侧向受力点。孔隙水压力计的安装，须用到钻机钻孔，在孔中可根据需要按不同深度放入多个压力计，再用干燥黏土球填实，待黏土球吸足水后，便将钻孔封堵好。这两种压力计的安装，都须注意引出线的编号和保护。

基坑回弹孔埋设：在基坑内部埋设，每孔沿孔深间距 1 m 放一个沉降磁环或钢环。土体分层沉降仪由分层沉降管、钢环和电感探测三部分组成。分层沉降管由波纹状柔性塑料管制成，管外每隔一定距离安放一个钢环，地层沉降时带动钢环同步下沉，将分层沉降管通过钻孔埋入土层中，采用细沙细心回填密实。埋设时须注意不要破坏波纹管外的钢环。

基坑内部立柱沉降监测点埋设：在支撑立柱顶面埋设立柱沉降监测点，在支撑立柱浇筑时预埋长约 100 mm 的钢钉。

测点布设好以后必须绘制在地形示意图上，各测点须有编号，为使点名一目了然，各种类型的测点要冠以点名，点名可取测点的汉语拼音的第一个字母再缀数字组成，如应力计可定名为 YL-1，测斜管可定名为 CX-1，如此等等。

4. 监测技术要求及监测方法

（1）测量精度

按现行国家有关规范的要求，水平位移、垂直位移测量精度均为不低于 ±1.0 mm。

垂直位移测量：基坑施工对环境的影响范围为坑深的 3~4 倍，因此，沉降观测所选的后视点应选在施工的影响范围之外，后视点不应少于两点。沉降观测的仪器应选用精密水准仪，按二等精密水准观测方法测二测回，测回校差应小于 ±1 mm。地下管线、地下设施、地面建筑都应在基坑开工前测取初始值，在开工期间，应根据需要不断测取数据，从几天观测一次到一天观测几次都可以；每次的观测值与初始值比较即为累计量，与前次的观测数据相比较即为日变量。测量过程中"固定观测者、固定测站、固定转点"，严格按国家二级水准测量的技术要求施测。

水平位移测量：水平位移测量要求水平位移监测点的观测采用 Wild T2 精密经纬仪进行，一般最常用的方法是偏角法。同样，测站点应选在基坑的施工影响范围之外。外方向的选用应不少于三点，每次观测都必须定向，为防止测站点被破坏，应在安全地段再设一点作为保护点，以便在必要时做恢复测站点之用。初次观测时，须同时测取测站至各测点的距离，有了距离就可算出各测点的秒差，以后各次的观测只要测出每个测点的角度变化就可推算出各测点的位移量，观测次数和报警值与垂直位移测量相同。

围护墙体侧向位移斜向测量：随着基坑开挖施工，土体内部的应力平衡状态被打破，从而导致围护墙体及深部土体的水平位移。测斜管的管口必须每次用经纬仪测取位移量；再用测斜仪测取地下土体的侧向位移量，测斜管内位移用测斜仪滑轮沿测斜管内壁导槽渐渐放至管底；自下而上每 1 m 或 0.5 m 测定一次读数，然后测头旋转 180° 再测一次，即为一测回；由此推算测斜管内各点位移值，再与管口位移量比较即可得出地下土体的绝对位移量。位移方向一般应取直接的或经换算过的垂直基坑边方向上的分量。

地下水位观测要求首次必须测取水位管管口的标高，从而可测得地下水位的初始标高，由此计算水位标高。在以后的工程进展中，可按需要的周期和频率，测得地下水位标高的每次变化量和累计变化量。测量时，水位孔管口高程以三级水准联测求得，管顶至管内水位的高差由钢尺水位计测出。

支撑轴力量测要求埋设于支撑上的钢筋计或表面计须与频率接收仪配合使用，组成整套量测系统。由现场测得的数据，按给定的公式计算出其应力值，各观测点累计变化量等于实时测量值与初始值的差值；本次测量值与上一次测量值的差值为本次变化量。

（2）土压力测试

用土压力计测得土压力传感器读数，由给定公式计算出土压力值。

（3）土体分层沉降测量

测量时采用搁置在地表的电感探测装置可以根据电磁频率的变化来捕捉钢环确切位置，由钢尺读数可测出钢环所在的深度，根据钢环位置深度的变化，即可知道地层不同标高处的沉降变化情况。首次必须测取分层沉降管管口的标高，从而可测得地下各土层的初始标高。在以后的工程进展中，可按需要的周期和频率，测得地下各土层标高的每次变化量和累计变化量。

（4）监测数据处理

监测数据必须填写在为该项目专门设计的表格上。所有监测的内容都须写明：初始值、本次变化量、累计变化量。工程结束后，应对监测数据，尤其是对报警值的出现，进行分析，绘制曲线图，并编写工作报告。在基坑施工期间的监测必须由有资质的第三方进行，监测数据必须由监测单位直接寄送各有关单位。根据预先确定的监测报警值，对监测数据超过报警值的，报告上必须加盖红色报警章。

（五）超深基坑监测绿色施工技术的质量控制

基坑测量按一级测量等级进行，沉降观测误差为±0.1 mm。位移观测误差为±1.0 mm。监测是施工管理的"眼睛"，监测工作是为信息化施工提供正确的形变数据。为确保真实、及时地做好数据的采集和预报工作，监测人员必须对工作环境、工作内容、工作目的等做到心中有数，因此，应从以下几方面做好质量控制工作：精心组织、定人定岗、责任到人，严格按照各种测量规范以及操作规程进行监测。所有资料进行自查、互检和审核；做好监测点保护工作，包括各种监测点及测试元件应做好醒目标识，督促施工人员加强保护意识，若有破坏立即补设以便保持监测数据的连续性。根据工况变化、监测项目的重要情况及监测数据的动态变化，随时调整监测频率，及时将形变信息反馈给甲方、总包方、监理方等有关单位，以便及时调整施工工艺、施工节奏，有效控制周边环境或基坑围护结构的形变。

测量仪器须经专业单位鉴定后才能使用，使用过程中定期对测量仪器进行自检，发现误差超限立即送检。密切配合有关单位建立有关应急措施预案，保持24 h联系畅通，随时按有关单位要求实施加密监测，除监测条件无法满足之外，加强对现场内的测量桩点的保护，所有桩点均明确标识以防止用错和破坏。每一项测量工作都要进行自检、互检和交叉检。

（六）超深基坑监测绿色施工技术的环境保护

测量作业完毕后，对临时占用、移动的施工设施应及时恢复原状，并保证现场整洁，仪器应存放有序，电器、电源必须符合规定和要求，严禁私自乱接电线；做好设备保洁工作，清洁进场，作业完毕到指定地点进行仪器清理整理；所有作业人员应保持现场卫生，生产及生活垃圾均装入清洁袋集中处理，不得向坑内丢弃物品以免砸伤槽底施工人员。

第二节　主体结构的绿色施工综合技术

一、大吨位 H 型钢插拔的绿色施工技术

（一）大吨位 H 型钢下插前期准备

围护设计在部分重力宽度不够处可采用在双轴搅拌桩内插入 H 700×300×13×24 型钢，局部重力坝内插 14#a 槽钢，特殊区域采用 H 700×300×13×24 型钢。双轴搅拌桩与三轴搅拌桩同样为通过钻杆强制搅拌土体，同时注入水泥浆，以形成水泥土复合结构；而双轴搅拌桩施工工艺不同于三轴搅拌桩，双轴桩并不具备土体置换作用，H 型钢不能依靠自重下插到位，故 H 型钢下插必须借助外力辅助下插；可选用 PC450 机械手辅助下插，SMW 三轴搅拌桩内插 H 型钢采用吊车定位后依靠 H 型钢自重下插的方式，H 型钢下插应在搅拌桩施工后 3 h 内进行，为方便 H 型钢回收，H 型钢下插前表面须涂刷减摩剂。

（二）型钢加工制作绿色施工技术

根据设计所要求的 H 型钢长度，部分型钢长度均在定尺范围内宜采用整材下插，部分区域所需 H 型钢长度较长，故采用对接的形式以达到设计长度要求。对接 H 型钢采用双面坡口的焊接方式，焊接质量均按《钢结构工程施工质量验收标准》（GB50205-2020）执行，所投入焊接材料为 E43 型焊条以上，以确保

质量要求。根据设计要求，支护结构的 H 型钢在结构强度达到设计要求后必须全部拔出回收。H 型钢在使用前必须涂刷减摩剂，以利拔出，要求型钢表面均匀涂刷减摩剂，清除 H 型钢表面的污垢及铁锈。减摩剂必须用电热棒加热至完全融化，用搅棒搅时感觉厚薄均匀，才能涂敷于 H 型钢上，否则涂层不均匀、易剥落。若遇雨天，H 型钢表面潮湿，应先用抹布擦干表面才能涂刷减摩剂，不可以在潮湿表面上直接涂刷，否则将剥落。若 H 型钢在表面铁锈清除后不立即涂减摩剂，必须在以后涂刷施工前抹去表面灰尘。H 型钢表面涂上涂层后，一旦发现涂层开裂、剥落，必须将其铲除并重新涂刷减摩剂。

（三）H 型钢下插技术要点

考虑到搅拌桩施工用水泥为 42.5 级水泥，凝固时间较短，型钢下插应在双轴搅拌桩施工完毕后 30 min 内进行，机械手应在搅拌桩施工出一定工作面后就位，准备下插 H 型钢。采用土工法 H 型钢下插，即双轴搅拌桩内插 H 型钢，采用 PC450 机械手把 H 型钢夹起后吊到围护桩中心灰线上空，两辅助工用夹具辅助机械手对好方向，再沿 H 型钢中心灰线插入土体，下插过程中采用机械手的特性进行震动下插。

SMW 工法 H 型钢下插，要求型钢下插应在三轴搅拌桩施工完毕后 30 min 内进行，吊机应在搅拌提升过程中已经就位，准备吊放 H 型钢。H 型钢使用前，在距 H 型钢顶端处开一个中心圆孔，孔径约 8 cm，并在此处型钢两面加焊厚≥12 mm 的加强板，中心开孔与 H 型钢上孔对齐。根据甲方提供的高程控制点，用水准仪引放到定位型钢上，根据定位型钢与 H 型钢顶标高的高度差确定吊筋长度，在 H 型钢两腹板外侧焊好吊筋≥Φ12 线材，误差控制在±3 cm 以内。H 型钢插入水泥土部分应均匀涂刷减摩剂。

装好吊具和固定钩，然后用 50 t 吊机起吊 H 型钢，准备下插，用线锤校核垂直度，必须确保垂直。在沟槽定位型钢上设 H 型钢定位卡，H 型钢定位卡必须牢固、水平，必要时用点焊与定位型钢连接固定；型钢定位卡位置必须准确，将 H 型钢底部中心对正桩位中心，并沿定位卡靠 H 型钢自重插入水泥土搅拌桩体内。若 H 型钢插放达不到设计标高时，则采用起拔 H 型钢，重复下插使其插到设计标高，下插过程中应控制 H 型钢垂直度，如遇较难插入的 H 型钢也可借助外力下插。

H 型钢的成型要求待水泥搅拌桩达到一定硬化后,将吊筋及沟槽定位卡拆除,以便反复利用,节约资源。垂直度偏差下插过程中,H 型钢垂直度采用吊线锤结合人为观测垂直控制下插。若出现偏差,土工法通过机械手调整大臂方位随时修正直至下插完毕,SMW 工法区域采用起拔 H 型钢重新定位后再次下插。H 型钢标高根据甲方提供的高程控制点,用水准仪控制 H 型钢标高。

(四) H 型钢拔除的绿色技术

H 型钢的拔除在地下结构完成达到设计强度并回填后进行,起拔采用专用夹具及千斤顶以圈梁为反梁,反复顶升起拔回收 H 型钢;起拔过程中始终用吊车提住顶出的 H 型钢,千斤顶顶至一定高度后,用 25 t 吊车将 H 型钢吊起堆放在指定场地,分批集中运出工地。

浇捣压顶圈梁时,将 H 型钢挖出并清理干净露出表面的水泥土。在扎圈梁钢筋前,埋设在圈梁中的 H 型钢部分必须先用厚 10 mm 的泡沫塑料片在 H 型钢腹板两侧和翼板两侧各贴 1 块 (共 8 块);泡沫片高度从圈梁底至少超过圈梁顶10 cm,用 U 形粗铁丝>8#卡固定,保证泡沫塑料片不松开以确保 H 型钢顺利回收。

控制 H 型钢的起拔速度,根据监测数据指导 H 型钢起拔,一般控制在 10 根左右,起拔时为减小 H 型钢起拔对周围环境的影响应采用跳跃式进行。H 型钢起拔前采用间隔 3 根拔 1 根的流程。每根 H 型钢起拔完毕,立即对其进行灌浆填充措施,以减小 H 型钢拔除后对周边环境的影响;灌浆料为纯水泥浆液,水灰比为 1.2 左右,采用自流式回灌。对产生影响的管线采取必要的保护措施,如暴露或将管线悬吊等措施。根据监测结果,当情况确实比较严重时,应布设临时管线。在起拔过程中应当加强对该区域内的监测,一旦报警立即停止起拔。

二、大体积混凝土结构的绿色施工技术

(一) 大体积混凝土结构

以放疗室、防辐射室为代表的一类大体积混凝土结构,采用绿色施工技术提

高质量非常有必要。包括顶、墙和地三界面全封一体化大壁厚、大体积混凝土整体施工，其关键在于基于实际尺寸构造的柱、梁、墙与板交叉节点的支模技术，设置分层、分向浇筑的无缝作业工艺技术，且考虑不同部位的分层厚度及其新老混凝土截面的处理问题，同时考虑为保证浇筑连续性而灵活随机设置预留缝的技术，混凝土浇筑过程中实时温控及全过程养护实施技术。以上绿色施工综合技术的全面、连续、综合应用可保证工程质量，是满足其特殊使用功能要求的必然选择。

（二）大体积混凝土绿色施工综合技术的特点

大体积混凝土绿色施工综合技术的特点主要体现在以下几方面。

1. 采用面向顶、墙、地三个界面不同构造尺寸特征的整体分层、分向连续交叉浇筑的施工方法和全过程的精细化温控与养护技术，解决了大壁厚混凝土易开裂的问题，较传统的施工方法可大幅度提升工程质量及抗辐射能力。

2. 采取一个方向、全面分层、逐层到顶的连续交叉浇筑顺序，浇筑层的设置厚度以 450 mm 为临界，重点控制底板厚度变异处质量，设置成 A 类质量控制点。

3. 采取柱、梁、墙板节点的参数化支模技术，精细化处理节点构造质量，可保证大壁厚顶、墙和地全封闭一体化防辐射室结构的质量。

4. 采取设置紧急状态下随机设置施工缝的措施，且同步铺不大于 30 mm 的同配比无石子砂浆，可保证混凝土接触处的强度和抗渗指标。

（三）大体积混凝土结构绿色施工工艺流程

大壁厚的顶、墙和地全封闭一体化防辐射室的施工以控制模板支护及节点的特殊处理、大体量防辐射混凝土的浇筑及控制为关键点。

（四）大体积混凝土结构绿色施工技术要点

1. 大体积厚底板的施工要点

施工时先做一条 100 mm×100 mm 的橡胶止水带，可避免混凝土浇筑时模板与垫层面的漏浆、泛浆。考虑厚底板钢筋过于密集，快易收口网需要一层层分步安装、绑扎，为保证此部位模板的整体性，单片快易收口网高度为 3 倍钢筋直径，下片在内，上片在外，最底片塞缝带内侧。为增大快易收口网的整体性与刚度，安装后在结构钢筋部位的快易收口网外侧（后浇带一侧）附一根直径为 12 mm 的钢筋与其绑扎固定。厚底板采用分层连续交叉浇筑施工，特别是在厚度变异处，每层浇筑厚度控制在 400 mm 左右，模板缝隙和孔洞应保证严实。

2. 钢筋绑扎技术要点

厚墙体的钢筋绑扎时应保证水平筋位置准确，绑扎时先将下层伸出钢筋调直顺，然后再绑扎解决下层钢筋伸出位移较大的问题。门洞口的加强筋位置，应在绑扎前根据洞口边线采用吊线找正方式，将加强筋的位置进行调整，以保证安装精度。大截面柱、大截面梁及厚顶板的绑扎可依据常规规范进行，无特殊要求。

3. 降温水管埋设技术要点

按墙、柱、顶的具体尺寸，采用 2in 钢管预制成回形管片，管间距设定为 500 mm 左右，管口处用略大于管径的钢板点焊做临时封堵。在钢筋绑扎时，按墙、柱、顶厚度大小，分两层预埋回形管片，用短钢筋将管片与钢筋焊接固定。

4. 柱、梁、板和墙交叉节点处模板支撑技术要点

为满足交叉节点的支模要求，梁的负弯矩钢筋和板的负弯矩钢筋，宜高出板面设计标高，增加 50~70 mm 防辐射混凝土浇捣后局部超高。按最大梁高降低主梁底面标高，在主梁底净高允许条件下将主梁底标高下降 30~50 mm，可满足交叉节点支模的尺寸精度，实现参数化的模板支撑。降低次梁底面标高，将不同截面净高允许的其他交叉次梁的梁底标高下降 30~40 mm，次梁的配筋高度不变，主梁完全按设计标高施工，可满足交叉节点参数化精确支模的要求。墙模板的转角处接缝、顶板模板与梁墙模板的接缝处和墙模板接缝处等逐缝平整粘贴止水胶带，可解决无缝施工的技术问题。

5. 大壁厚墙体的分层交叉连续浇筑技术要点

大壁厚墙体防辐射混凝土采用分层、交叉浇筑施工，每层浇筑厚度控制在 500 mm 左右，按照由里向外的顺序展开。大壁厚墙体防辐射大体积混凝土浇筑前，先拌制一盘与混凝土同配合比石子砂浆，润湿输送泵管，并均匀地铺在浇筑面上，其厚度约 20 mm 且不得超过 30 mm。浇筑混凝土时实时监测模板、支架、钢筋、预埋件和预留孔洞的情况，当发生变形位移时立即停止浇筑，并在已浇筑

的防辐射混凝土初凝前修整完好。

6. 大壁厚顶板的分层交叉连续浇筑技术要点

厚顶板混凝土浇筑按照"一个方向、全面分层、逐层到顶"的施工法，即将结构分成若干个 450 mm 厚度相等的浇筑层，浇筑混凝土时从短边开始，沿长边方向进行浇筑，在逐层浇筑过程中第二层混凝土要在第一层混凝土初凝前浇筑完毕。混凝土上下层浇筑时应消除两层之间接缝，在振捣上层混凝土时要在下层混凝土初凝之前进行。每层作业面分前后两排振捣，第一排布置在混凝土卸料点，第二排设置在中间和坡角及底层钢筋处，应使混凝土流入下层底部以确保下层混凝土振捣密实。浇筑过程中采用水管降温，采用地下水做自然冷却循环水，并定期测量循环水温度。振捣时振捣棒要插入下一层混凝土不少于 50 mm，保证分层浇筑的上下层混凝土结合为整体。混凝土浇筑过程中，钢筋工应经常检查钢筋位置，若有移位须立即调整到位。

浇筑振捣过程中振捣延续时间以混凝土表面呈现浮浆和不再沉落、气泡不再上浮来控制，振捣时间避免过短和过长，一般为 15~30 s，并且在 20~30 min 后对其进行二次复振。振捣过程中严防漏振、过振造成混凝土不密实、离析的现象，振捣器插点要均匀排列，插点方式选用行列式或交错式，插入的间距一般为 500 mm 左右，振捣棒与模板的距离不大于 150 mm，并避免碰撞顶板钢筋、模板、预埋件等。

混凝土振捣和表面刮平抹压 1~2 h 后，在混凝土初凝前，在混凝土表面进行二次抹压，消除混凝土干缩、沉缩和塑性收缩产生的表面裂缝，以增强混凝土内部密实度。在混凝土终凝前对出现龟裂或有可能出现裂缝的地方再次进行抹压来消除潜在裂纹，浇筑过程中拉线，随时检查混凝土标高。

7　紧急状态下施工缝的随机预留技术要点

若在施工中出现异常情况又无法及时进行处理，防辐射商品混凝土不能及时供应浇筑时需要随机留设施工缝。在施工缝外插入模板将其后混凝土振捣密实，下次浇筑前将接触处的混凝土凿掉，表面做凿毛处理，铺设遇水膨胀止水条，并铺不大于 30 mm 同配比无石子砂浆，以保证防辐射混凝土接触处强度和抗渗指标。

三、预应力钢结构的绿色施工技术

（一）预应力钢结构特点

建筑钢结构强度高、抗震性能好、施工周期短、技术含量高，具备节能减排的条件，能够为社会提供安全、可靠的工程，是高层及超高层建筑的首选。而大截面大吨位预应力钢结构较传统的钢结构体系具有更加优越的承载力性能，可满足空间跨度及结构侧向位移的更高技术指标要求。

在预应力钢构件制作过程中实施参数化下料，精确定位、拼接及封装，实现预应力承重构件的精细化制作；在大悬臂区域钢桁架的绿色施工中采用逆作法施工工艺，即结合实际工况先施工屋面大桁架，再施工桁架下悬挂部分梁柱；先浇筑非悬臂区楼板及屋面，待预应力桁架张拉结束，再浇筑悬臂区楼板，实现整体顺作法与局部逆作法施工组织的最优组合；基于张拉节点深化设计及施工仿真监控的整体张拉结构位移的精确控制，借助辅助施工平台实施分阶段有序张拉，实现预应力拉索安装的质量目标。

（二）预应力钢结构绿色施工要求

预应力钢结构施工工序复杂，实施以单拼桁架整体吊装为关键工作的模块化不间断施工工序，十字形钢柱及预应力钢桁架梁的精细化制作模块、大悬臂区域及其他区域的整体吊装及连接固定模块、预应力索的张拉力精确施加模块的实施是其为连续、高质量施工的保证。大悬臂区域的施工采用局部逆作法的施工工艺，即先施工屋面大桁架，再悬挂部分梁柱，楼板先浇筑非悬臂区楼板和屋面，待预应力张拉完屋面桁架再浇筑悬臂区楼板，实现工程整体顺作法与局部逆作法的交叉结合，可有效利用间歇时间、加快施工进度。十字形钢骨架及预应力箱梁钢桁架按照参数化精确下料、采用组立机进行整体的机械化生产，实现局部大截面预应力构件在箱梁钢桁架内部的永久性支撑及封装，预应力结构翼缘、腹板的尺寸偏差均在 2 mm 范围之内，并对桁架预应力转换节点进行优化，形成张拉快捷方便，可有效降低预应力损失的节点转换器。

采用单台履带式起重机吊装跨度为 22.2 m，最大重量达 103 t 的单榀大截面预应力钢架至标高 33.3 m 处。通过控制钢骨柱的位置精度，并在柱头下 600 mm 位置处用 300#工字钢临时联系梁连接成刚性体以保证钢桁架的侧向稳定性，第一榀钢桁架就位后在钢桁架侧向用 2 道 60 mm 松紧螺栓来控制侧向失稳和定位；第二榀钢桁架就位后将这两榀之间的联系梁焊接形成稳定的刚性体，通过吊架位置、吊点及吊装空间角度的控制实现吊装稳定性。在拉索张拉控制施工过程中采用控制钢绞线内力及结构变形的双控工艺，并重点控制张拉点的钢绞线索力；桁架内侧上弦端钢绞线可在桁架上张拉，桁架内侧下弦端的张拉采用搭设 2×2×3.5 方形脚手架平台辅助完成；张拉根据施加预应力要求分为两个循环进行，第一次循环完成索力目标的 50%；第二次循环预应力张拉至目标索力。

（三）预应力钢结构绿色施工工艺流程

采用模块化施工工艺安排的预应力钢结构施工任务由不同班组相协调配合完成，以四组预应力钢架为一组流水作业，通过一系列质量控制点及控制措施，解决了预应力承载构件制作精度低、现场交叉工序协调性差、预应力索的张拉力难以控制等技术难题。

（四）预应力钢结构绿色施工技术要点

1. 预应力构件精细化制作技术要点

（1）十字形钢骨柱精细化制作技术要点

根据设计图纸和现场吊装平面布置图情况合理分析型钢柱的长度，并考虑各预应力梁通过十字形钢柱的位置。材料入库前核对质量证明书或检验报告并检查钢材表面质量、厚度及局部平面度，经现场有见证抽样送检合格后投入使用。十字形钢构件组立采用型钢组立机来完成，组立前应对照图纸确认所组立构件的腹板、翼缘板的长度、宽度、厚度无误后才能上机进行组装作业。精细化制作的尺寸精度要求：①腹板与翼缘板垂直度误差≤2 mm；②腹板对翼缘板中心偏移≤2 mm；③腹板与翼缘板点焊距离为 400 ±30 mm；④腹板与翼缘板点焊焊缝高度≤5 mm，长度 40~50 mm；⑤H 型钢截面高度偏差为±3 mm。采用数控钻床加工完成连接板上的孔，所用孔径都用统一孔模来定位套钻；钢梁上钻孔时先固定孔模，再核准相邻两孔之间间距及一组孔的最大对角线，核准无误后才能进行钻孔作业。

切割加工工艺要求：①切割前母材清理干净；②切割前在下料口进行画线；③切割后去除切割熔渣并将各构件按图编号。组装过程中定位用的焊接材料应注意与母材的匹配并应严格按照焊接工艺要求进行选用，构件组装完毕后应进行自检和互检，测量，填妥测量表，准确无误后再提交专检人员验收，各部件装焊结束后应明确标出中心线、水平线、分段对合线等。

（2）预应力钢骨架及索具的精细化制作技术要点

大跨度、大吨位预应力箱型钢骨架构件采用单元模块化拼装的整体制作技术，并通过结构内部封装施加局部预应力构件。预应力钢骨架的关键制作工序包括精确下料与预拼、腹板及隔板坡口的精致制作、胎架的制作、高质量的焊接及检验、表面处理和预处理技术及全过程的监督、检查和不合格品控制。在下料的过程中采用数控精密切割，对接坡口采用半自动精密切割且下料后进行二次矫平处理。腹板两长边采用刨边加工隔板及工艺隔板组装的加工，在组装前对四周进行铣边加工，以作为大跨箱形构件的内胎定位基准，并在箱形构件组装机上按 T 形盖部件上的结构定位组装横隔板，组装两侧 T 形腹板部件要求与横隔板、工艺隔板顶紧定位组装。制作无黏结预应力筋的钢绞线，其性能符合国家标准《预应力混凝土用钢绞线》规定，无黏结预应力筋中的每根钢丝应通常且严禁有接头，不得存在死弯，若存在死弯必须切断，并采用专用防腐油脂涂料或外包层对无黏结预应力筋外表面进行处理。预应力筋所选用的锚具、夹具及连接器的性能均要符合现行国家标准《预应力筋用锚具、夹具和连接器》的规定，在预应力筋强度等级已确定的条件下，预应力筋—锚具组装件的静载锚固性能试验结果应同时满足锚具效率系数≥0.95 和预应力筋总应变≥2.0% 两项指标要求。

2. 主要预应力构件安装操作要点

（1）十字形钢骨架吊装及安装要点

施工时须保证吊在空中时柱脚高于主筋一定距离，以利于钢骨柱能够顺利吊入柱钢筋内设计位置，吊装过程需要分段进行，并控制履带吊车吊装过程中的稳定性。

若钢骨柱吊入柱主筋范围内时操作空间较小，为使施工人员能顺利进行安装操作，考虑将柱子两侧的部分主筋向外梳理。当上节钢骨柱与下节钢骨柱通过四个方向连接耳板螺栓固定后，塔吊即可松钩，然后在柱身焊接定位板，用千斤顶调整柱身垂直度，垂直度调节通过两台垂直方向的经纬仪控制。

十字形钢骨柱的安装测量及校正。安装钢骨柱要求：先在埋件上放出钢骨柱定位轴线，依地面定位轴线将钢骨柱安装到位，经纬仪分别架设在纵横轴线上，校正柱子两个方向的垂直度，水平仪调整到理论标高，从钢柱顶部向下方画出同一测量基准线，用水平仪测量将微调螺母调至水平，再用两台经纬仪在互相垂直的方向同时测量垂直度。测量和对角紧固同步进行，达到规范要求后把上垫片与底板按要求焊接牢固，测量钢柱高度偏差并做好记录。当十字形钢柱高度正负偏差值不符合规范要求时立即进行调整。

十字形钢骨架的焊接要求：在平面上从中心框架向四周扩展焊接，先焊收缩量大的焊缝，再焊收缩量小的焊缝，对称施焊。对于同一根梁的两端不能同时焊接，应先焊一端，待其冷却后再焊另一端。钢柱之间的坡口焊连接为钢接，上、下翼缘用坡口电焊连接，而腹板用高强螺栓连接，柱与柱接头焊接在本层梁与柱连接完成之后进行，施焊时应由两名焊工在相对称位置以相等速度同时施工。H型钢柱节点的焊接为先焊翼缘焊缝，再焊腹板焊缝；翼缘板焊接时两名焊工对称、反向焊接，焊接结束后将柱子连接耳板割除并打磨平整。

安装临时螺栓：十字形钢柱安装就位后先采用临时螺栓固定，其螺栓个数为接头螺栓总数的 1/3 以上，且每个接头不少于 2 个，冲钉穿入数量不多于临时螺栓的 30%。组装时先用冲钉对准孔位，在适当位置插入临时螺栓并用扳手拧紧。安装时高强螺栓应自由穿入孔内，螺栓穿入方向一致，穿入高强螺栓用扳手紧固后再卸下临时螺栓，高强螺栓的紧固必须分两次进行，第一次为初拧，第二次为终拧，终拧时扭剪型高强螺栓应将梅花卡头拧掉。

（2）预应力钢桁架梁吊装及安装技术要点

钢梁进场后由质检技术人员检验钢梁的尺寸，且对变形部位予以修复，钢梁吊装采用加挂铁扁担两绳四点法进行吊装，吊装过程中于两端系挂控制长绳，钢梁吊起后缓慢起钩，吊到离地面 200 mm 时吊起暂停，检查吊索及塔机工作状态，检查合格后继续起吊。吊到钢梁基本位后由钢梁两侧靠近安装，钢桁架梁就位后在穿入高强螺栓前，钢桁架梁和钢柱连接部位必须先打入定位销，两端至少各两根，再进行高强螺栓的施工，高强螺栓不得慢行穿入且穿入方向一致，并从中央向上下、两侧进行初拧，撤出定位销，穿入全部高强螺栓进行初拧、终拧；钢桁架梁在高强螺栓终拧后进行翼缘板的焊接，并在钢梁与钢柱间焊接处采用 6 mm 钢板做衬垫、用气体保护焊或电弧焊进行焊接。大悬臂区域的对应的施工顺序是先施工屋面大桁架，再施工悬挂部分梁柱，楼板先浇筑非悬臂区楼板和屋面，待预应力张拉完屋面桁架，再浇筑悬臂区楼板。对于五层跨度及重量均较大的钢梁分段制作，钢梁的整榀重量在 7~11.6 t 不等，采用 2 台 3 t 的卷扬机，采取滑轮组装整体吊装。

（3）预应力桁架张拉技术要点

无黏结预应力钢绞线应采用适当包装，以防止正常搬运中的损坏。无黏结预应力钢绞线宜成盘运输，在运输、装卸过程中吊索应外包橡胶、尼龙带等材料，并应轻装轻卸，且严禁摔掷或在地上拖拉。吊装采用避免破损的吊装方式装卸整盘的无黏结预应力钢绞线；下料的长度根据设计图纸，并综合考虑各方面因素，包括孔道长度、锚具厚度、张拉伸长值、张拉端工作长度等准确计算无黏结钢绞线的下料长度，且无黏结预应力钢绞线下料宜采用砂轮切割机切断。拉索张拉前主体钢结构应全部安装完成并合拢为一整体，以检查支座约束情况。直接与拉索相连的中间节点的转向器及张拉端部的垫板，其空间坐标精度须严格控制，张拉端的垫板应垂直于索轴线，以免影响拉索施工和结构受力。

拉索安装、调整和预紧要求：①拉索制作长度应保证有足够的工作长度。②对于一端张拉的钢绞线束，穿索应从固定端向张拉端进行穿束；对于两端张拉的钢绞线束，穿索应从桁架下弦张拉端向 5 层悬挂柱张拉端进行穿束，同束钢绞线依次传入。③穿索后应立即将钢绞线预紧并临时锚固。拉索张拉前为方便工人张拉操作，事先搭设好安全可靠的操作平台、挂篮等，拉索张拉时应确保足够人手，且人员正式上岗前进行技术培训与交底。设备正式使用前须进行检验、校核并调试，以确保使用过程中万无一失。拉索张拉设备须配套标定，千斤顶和油压表须每半年配套标定一次，且配套使用，标定须在有资质的单位进行。根据标定记录和施工张拉力计算出相应的油压表值，现场按照油压表读数精确控制张拉力。索张拉前应严格检查临时通道及安全维护设施是否到位，以保证张拉操作人员的安全；索张拉前应清理场地并禁止无关人员进入，以保证索张拉过程中的人员安全。在一切准备工作做完之后，且经过系统的、全面的检查无误，现场安装总指挥检查并发令后，才能正式进行预应力索张拉作业。

第三节　装饰工程的绿色施工综合技术

一、室内顶墙一体化呼吸式铝塑板饰面的绿色施工技术

（一）呼吸式铝塑板饰面构造

室内顶墙一体化呼吸式铝塑板饰面融合国际先进设计理念与质量规范，解决了普通铝塑板饰面效果单调、易于产生累计变形、特殊构造技术处理难度大的施工质量问题，并创造性地赋予其通风换气的功能。在墙面及吊顶安装大截面经过特殊工艺处理的带有凹槽的龙骨，将德国进口带有小口径通气孔的大板块参数化设计的铝塑板，通过特殊的边缘坡口构造与龙骨相连接，借助特殊 U 形装置进行调节；同时通过起拱等特殊工艺实现对风口、消防管道、灯槽等特殊构造处的精细化处理，在中央空调的作用下实现室内空气的交换通风。

（二）呼吸式铝塑板饰面绿色施工技术特点

吸收并借鉴先进制作安装工艺，针对带有通气孔的大板块铝塑板采用嵌入式密拼技术，通过板块坡口构造与型钢龙骨的无间隙连接，实现室内空气的交换以及板块之间的密拼，密拼缝隙控制在 1~2 mm 范围内，较传统"S"做法精度提高 50%以上。通过分块拼装、逐一固定调节及安装具备调节裕量的特殊 U 形装置消除累计变形，以保证荷载的传递及稳定性。根据大、中、小三种型号龙骨的空间排列构造，采用非平行间隔拼装顺序，基于铝塑装饰板的规格拉缝间隙进行分块弹线，从中间顺中龙骨方向开始先装一排罩面板作为基准，然后两侧分行同步安装，同时控制自攻螺钉间距 200~300 mm。考虑墙柱为砖砌体，在顶棚的标高位置沿墙和柱的四周，沿墙距 900~1 200 mm 设置预埋防腐木砖，且至少埋设两块以上。采用局部构造精细化特殊处理技术，对灯槽、通风口、消防管道等特殊构造进行不同起拱度的控制与调整，分块及固定在试装及鉴定后实施。采用双"回"字形板块对接压嵌橡胶密封条工艺，保证密封条的压实与固定，同时根据

龙骨内部构造形成完整的密封水流通道去除室内水蒸气的液化水，较传统的注入中性硅酮密封胶具有更加明显的质量保证。

（三）呼吸式铝塑板饰面绿色施工的工艺流程

室内顶墙一体化呼吸式铝塑板饰面绿色施工工艺流程主要包括大、中、小龙骨的安装，以及针对铝塑装饰板的安装与调整、特殊构造的处理等关键的施工工序环节。

（四）呼吸式铝塑板饰面绿色施工的技术要点

1. 施工前准备

参考德国标准，按照设计要求提出所需材料的规格及各种配件的数量进行参数设计及制作，复测室内主体结构尺寸并检查墙面垂直度、平整度偏差，详细核查施工图纸和现场实测尺寸，特别是考虑灯槽、消防管道、通风管道等设备的安装部位，以确保设计、加工的完善，避免工程变更。同时，与结构图纸及其他专业图纸进行核对，及时发现问题采取有效措施修正。

2. 作业条件分析的技术要点

现场单独设置库房，以防止进场材料受到损伤，检查内部墙体、屋顶及设备安装质量是否符合铝塑板装饰施工要求和高空作业安全规程的要求，并将铝塑板及安装配件用运输设备运至各施工面层上，合理划分作业区域。根据楼层标高线，用标尺竖向量至顶棚设计标高，沿墙、柱四周弹顶棚标高，并沿顶棚的标高水平线，在墙上画好分挡位置线，完成施工前的各项放线准备工作。结构施工时应在现浇混凝土楼板或预制混凝土楼板缝，按设计要求间距预埋 Φ6~10 钢筋吊杆，设计无要求时按大龙骨的排列位置预埋钢筋吊杆，其间距宜为 900~1 200 mm。吊顶房间的墙柱为砖砌体时，在顶棚的标高位置沿墙和柱的四周预埋防腐木砖，沿墙间距 900~1 200 mm，柱每边应埋设两块以上木砖。安装完顶棚内的各种管线及通风道，确定好灯位、通风口及各种露明孔口位置。

3. 大、中、小型钢龙骨及特殊 U 形构件安装的技术要点

龙骨安装前应使用经纬仪对横梁竖框进行贯通检查，并调整误差。一般情况下，龙骨的安装顺序为先安装竖框，再安装横梁，安装工作由下往上逐层进行。

（1）大龙骨的安装

在弹好顶棚标高水平线及龙骨位置线后，确定吊杆下端头的标高，按大龙骨位置及吊挂间距，将吊杆无螺栓丝扣的一端与楼板预埋钢筋连接固定。安装大龙骨要求配装好吊杆螺母；在大龙骨上预先安装好吊挂件，将组装吊挂件的大龙骨按分档线位置使吊挂件穿入相应的吊杆螺母，并拧好螺母，大龙骨相接过程中装好连接件，拉线调整标高起拱和平直；对于安装洞口附加大龙骨须按照图集相应节点构造设置连接卡，边龙骨的固定要求采用射钉固定，射钉间距宜为1000 mm。

（2）中龙骨的安装

应以弹好的中龙骨分档线，卡放中龙骨吊挂件，吊挂中龙骨按设计规定的中龙骨间距将中龙骨通过吊挂件吊挂在大龙骨上，间距宜为 500~600 mm。当中龙骨长度须多根延续接长时，用中龙骨连接件，在吊挂中龙骨的同时相连须调直固定。

（3）小龙骨的安装

以弹好的小龙骨分档线卡装小龙骨吊挂件，吊挂小龙骨应按设计规定的小龙骨间距将小龙骨通过吊挂件吊挂在中龙骨上，间距宜为 400~600 mm。当小龙骨长度须多根延续接长时用小龙骨连接件，在吊挂小龙骨的同时，将相对端头相连接并先调直后固定。若采用 T 形龙骨组成轻钢骨架，小龙骨应在安装铝塑板时每装一块罩面板先后各装一根卡装小龙骨。

竖向龙骨在安装过程中应随时检查竖框的中心线，竖框安装的标高偏差不大于1.0 mm；轴线前后偏差不大于2.0 mm，左右偏差不大于2.0 mm；相邻两根竖框安装的标高偏差不大于2.0 mm；同层竖框的最大标高偏差不大于3.0 mm；相邻两根竖框的距离偏差不大于2.0 mm。竖框与结构连接件之间采用不锈钢螺栓进行连接，连接件上的螺栓孔应为长圆孔以保证竖框的前后调节。连接件与竖框接触部位加设绝缘垫片，以防止电解腐蚀。横梁与竖框间采用角码进行连接，角码一般采用铝合金或镀锌铁件制成，横梁安装应自下而上进行，应进行检查、调整、校正。相邻两根横梁的标高水平偏差不大于1.0 mm；当一副铝塑板宽度大于35m 时，标高偏差不大于4.0 mm。

4. 铝塑装饰板安装操作要点

带有通气小孔的进口铝塑板的标准板块在工厂内参数化加工成型，覆盖塑料薄膜后运输到现场进行安装。在已经装好并经验收的轻钢骨架下面按铝塑板的规格、拉缝间隙进行分块弹线，从顶棚中间顺中龙骨方向开始先装一行铝塑板作为基准，然后向两侧分行安装，固定铝塑板的自攻螺钉间距为 200~300 mm，配套下的铝合金副框料先与铝塑板进行拼装以形成铝塑板半成品板块。铝塑板材折弯后用钢副框固定成形，副框与板侧折边可用抽芯铆钉紧固，铆钉间距应在 200 mm 左右，板的正面与副框接触面黏结。固定角铝按照板块分割尺寸进行排布，通过拉铆钉与铝板折边固定，其间距保持在 300 mm 以内。板块可根据设计要求设置中加强肋，肋与板的连接可采用螺栓进行连接，若采用电弧焊固定螺栓时应确保铝板表面不变形、不褪色、连接牢固，用螺钉和铝合金压块将半成品标准板块固定与龙骨骨架连接。

5. 特殊构造处理的操作要点

铝塑板在结构边角收口部位、转角部位须重点考虑室内潮气积水问题，而在顶和墙的转角处设置一条直角铝板，与外墙板直接用螺栓连接或与角位立梃固定。交接部位的处理：不同材料的交接通常处于横梁、竖框的部位，应先固定其骨架，再将定型收口板用螺栓与其连接，且在收口板与上下板材交接处密封。室内内墙墙面边缘部位收口用金属板或型板将幕墙端部及龙骨部位封盖，而墙面下端收口处理用一条特制挡水板将下端封住，同时将板与墙缝隙盖住。铝塑板密拼节点的处理直接关系到装饰面的整体稳定性、密拼宽度及累加变形的控制。

对于安装在屋顶上部的消防管道、中央空调管道及灯槽等构造，吊杆对称设置在构件的周围并进行局部加强。为保证铝塑板饰面与上述构造之间的空间，在设计过程中进行局部高程的调整并做好连接与过渡，可保证室内装饰的整体效果。

6. 橡胶填充条的嵌压与调整

传统的板块密封借助于密封胶进行拼接分析的处理，而室内顶墙一体化呼吸铝塑装饰板之间拼缝的处理借助于橡胶条进行填充密封。对拼标准板块四周"回"字形构造，填充橡胶密封填料并压实，处理好填料的接头构造，保证内"回"字形通道的畅通。清理标准铝塑板块的外表面保护措施，并做好表面的清理与保护工作。

7. 成品保护的操作要点

轻钢骨架及铝塑面板安装应注意保护顶棚内各种管线，轻钢骨架的吊杆、龙骨不准固定在通风管道及其他设备件上。轻钢骨架、铝塑板及其他吊顶材料在入场存放、使用过程中应严格管理，保证不变形、不受潮和不生锈。施工顶棚部位已安装的门窗，已施工完毕的地面、墙面、窗台等应注意保护以防止污损，已装轻钢骨架不得上人踩踏，其他工种吊挂件不得吊于轻钢骨架上。为保护成品要求铝塑装饰板安装必须在棚内管道，待试水、保温等一切工序全部验收后进行。

（五）呼吸式铝塑板饰面绿色施工的质量控制

1. 保证铝塑板基本功能的控制措施

吊顶不平的原因在于大龙骨安装时吊杆调平不认真，造成各吊杆点的标高不一致。施工时应检查各吊点的紧挂程度，并接通线检查标高与平整度是否符合设计和施工规范要求。轻钢骨架局部节点构造不合理的控制在于留洞、灯具口、通风口等处，应按设计图的相应节点构造设置龙骨及连接件，使构造符合图册及设计要求。轻钢骨架吊固不牢的原因在于顶棚的轻钢骨架应吊在主体结构上，并应拧紧吊杆螺母以控制固定设计标高，严禁顶棚内的管线、设备件吊固在轻钢骨架上。面板分块间隙缝不直的控制要点在于施工时注意板块规格，拉线找正，安装固定时保证平正对直。压缝条、压边条不严密进行平直质量控制的关键在于施工时应拉线，对正后固定、压黏。

2. 铝塑板密拼技术质量控制的实施

施工前应检查选用的单层铝塑板及型材是否符合要求，规格是否齐全，表面有无划痕，有无弯曲现象，须保证规格型号统一、色彩一致。单层铝塑板的支承骨架应进行防锈处理，当单层铝塑板或型材与未养护的混凝土接触时，最好涂一层沥青玛蹄脂隔声、防潮，通过浸有减缓火焰蔓延药和经防腐处理的木隔筋与铝塑板连接。连接件与骨架的位置应与单层铝板规格尺寸一致，以减少施工现场材料切割。单层铝塑板材的线膨胀系数较大，在施工中一定要留足排缝，墙脚处铝塑型材应与板块、地面或水泥类抹面相交。施工后的墙体应做到表面平整，连接可靠，无翘起、卷边等现象。

3. 铝塑板表观质量的控制措施

板面不平整、接触不平不齐质量问题及控制。质量问题表现为板面变形出现不平整部位，相邻板面不平在接缝处形成高差，接缝宽度不一，其质量问题产生的原因在于铝塑板在制作、运输、堆放过程中造成变形及连接码件安装不平直、固定不牢，使铝板偏移。可采取的质量控制措施包括：安装前严格检查铝板质量，发现变形板块及时上报；放置连接码件时要放通线定位，操作中确保接码件牢固。

4. 呼吸式铝塑板饰面绿色施工的环境保护措施

在作业区所有材料、成品、板块、零件分类按照有关物品储运的规定堆放整齐，标识清楚，施工现场的堆放材料按施工平面图码放好各种材料，运输进出场时码放整齐，捆绑结实，散碎材料防止散落，门口处设专人清扫。建筑垃圾堆放到指定位置并做到当日完工清场；清运施工垃圾采用封闭式灰斗。夜间照明灯尽量把光线调整到现场以内，严禁反射光源辐射到其他区域。尽量选择噪声低、振动小、公害小的施工机械和施工方法，以减小对现场周围的干扰。

在施工区要求所有设备排列整齐、明亮干净、运行正常、标识清楚。专人负责材料保管、清理卫生，保持场地整洁。建立材料管理制度，严格按照公司有关制度办事，按照 ISO 9001 认证的文件程序，做到账目清楚、账实相符、管理严密。项目部管理人员对指定分管区域的垃圾、洞口和临边的安全设施等进行日常监督管理，落实文明施工责任制。对施工队的管理进行"比安全、比质量、比进度、比标化、比环保"的"五比"劳动竞赛活动，定期评比表彰，做到常赛常新。施工区设保卫专管人员，建立严格的门卫制度，努力创建安全文明施工单位。

二、门垛构造改进调整及直接涂层墙面的绿色施工技术

（一）直接涂层墙面的特点

由于建筑结构设计缺乏深化设计和不能满足室内装修的特殊要求，改造门垛的尺寸及结构构造非常常见，但传统的门垛改造做法费时、费力，容易造成环境污染，且常产生墙面开裂的质量通病，严重影响着墙体的表观质量和耐久性。适

用于门垛构造改进调整及直接做墙面涂层的施工工艺，其关键技术是门垛改造局部组砌及墙面绿色和机械化处理施工。这个技术解决了传统门垛改造的墙面砂浆粉刷施工费时、费工、费材，且工程质量难以保证的问题。

加气块砌体墙面免粉刷施工工艺要求砌筑时提高墙面的质量标准，填充墙砌筑完成并间隔两个月后，用专用腻子分两遍直接批刮在墙体上，保养数天后仅须再批一遍普通腻子即可涂刷乳胶漆饰面。该绿色施工技术所涉及的免粉刷工艺可代替水泥混合砂浆粉刷工艺，但该免粉刷工艺对墙体材料配置、保管和使用具有独特的要求，该墙面涂层具有良好的观感效果和环境适应性。

（二）直接涂层墙面的绿色施工技术特点

通过基于门垛口精确尺寸放线的拆除技术，针对拆除后特定的不规则缺口构造，预埋拉结钢筋，进行局部可调整的加气砖砌体组砌施工，缝隙及连接处进行填充密实，完成门垛构造墙体的施工；采用专用腻子基混合料做底层和面层，配合双层腻子基混合料粉刷墙面，可代替传统的砂浆粉刷工艺。在面层墙面施工的过程中借助于自主研发的自动加料简易刷墙机实现一次性机械化施工，实现高效、绿色、环保的目标。

门垛拆除后马牙槎构造的局部调整组砌及拉结筋的预埋工艺，可保证新老界面的整体性。门垛构造处包括砌体基层、局部碱性纤维网格布、底层腻子基混合料、整体碱性纤维网格布、面层腻子基混合料和饰面涂料刷的新型墙面构造，代替传统的砂浆粉刷方法，采用了两道腻子基混合料的关键工艺，并兼顾基层处理、压耐碱玻纤网格布的依次顺序施工方法。

采用专用腻子基混合料和简便、快捷的施工工艺，可实现绿色施工过程中对降尘、节地、节水、节能、节材多项指标要求，并使该工艺范围内的施工成本大幅度降低。采用包括底座、料箱、开设滑道的支撑杆、粉刷装置、粉刷手柄、电泵、圆球触块、凹槽及万向轮等基本构造组成的自动加料简易刷墙机，可实现涂刷期间的自动加料，省时省力；而通过粉刷手柄手动带动滚轴在滑道内紧贴墙面上下往返粉刷，可实现灵活粉刷、墙面均匀受力和墙面的平整与光滑。

（三）直接涂层墙面的绿色施工技术要点

1. 门垛构造砖砌体的组砌技术要点

砖砌体的排列上下皮应错缝搭砌，搭砌长度一般为砌块的1/2，不得小于砌块长的1/3，转角处相互咬砌搭接；不够整块时可用锯切割成所需尺寸，但不得小于砖砌块长度的1/3。灰缝横平竖直，水平灰缝厚度宜为15 mm，竖缝宽度宜为20 mm；砌块端头与墙柱接缝处各涂刮厚度为5 mm的沙浆黏结，挤紧塞实。灰缝沙浆应饱满，水平缝、垂直缝饱满度均不得低于80%。砌块排列尽量不镶砖或少镶砖，必须镶砖时，应用整砖平砌，铺浆最大长度不得超过1500 m。砌体转角处和交接处应同时砌筑，对不能同时砌筑而必须留置的临时间断处，应砌成斜槎，斜槎不得超过一步宽。墙体的拉结筋为2956，两根钢筋间距100 mm，拉结筋伸入墙内的长度不小于墙长的1/5且不小于700 mm。墙砌至接近梁或板底时应留空隙30~50 mm，至少间隔7 d后，用防腐木楔楔紧，间距600 mm，木楔方向应顺墙长方向楔紧，用C25细石混凝土或1∶3水泥沙浆灌注密实，门窗等洞口上无梁处设预制过梁，过梁宽同相应墙宽。拉通线砌筑时，应吊砌一皮、校正一皮，皮皮拉线控制砌体标高和墙面平整度；每砌一皮砌块，就位校正后，用沙浆灌垂直缝，随后原浆勾缝，满足深度3~5 mm。

2. 砖砌体的处理技术要点

砖砌体按清水墙面要求施工：垂直度4°、平整度5°，灰缝随砌随勾缝，与框架柱交接处留20 mm竖缝，勾缝深20 mm，沿构造柱槎口及腰梁处贴胶带纸封模浇筑混凝土。清理砌体表面浮灰、浆，剔除柱梁面凸出物，提前一天浇水湿润，墙体水平及竖向灰缝用专用腻子填平，交界处竖缝填平，并批300 mm宽腻子，贴加强网格布一层压实。

3. 批专用腻子基层及碱性网格布技术要点

局部刮腻子完成后，600 mm加长铁板赶平压实，确保平整。待基层干燥后对重点部位进行找补，主要采用柔性耐水腻子来实施作业，待腻子实干以后方可进行下一道工序施工。用橡皮刮板横向满刮，一板紧接一板刮，接头不得留槎，每刮一板最后收头时要注意收得干净利落。在相关接触部位采用砂纸打磨，以保证其平整度，其皮底层4~6 mm厚专用腻子基混合料，并压入碱性玻纤网格布。

4. 涂面层乳胶漆涂料技术要点

机械化的刷涂顺序按照先上后下的顺序进行，由一头开始，逐渐涂刷向另外一头，要注意与上下顺刷相互衔接，避免出现干燥后再处理接头的问题。自动加料简易刷墙机的涂刷操作过程，通过操作粉刷装置可以在滑道上上下移动实现机械化涂刷，在完成涂刷时将粉刷手柄与地面垂直放置，可节省空间。机械化涂装过程要求开始时缓慢滚动，以免开始速度太快导致涂料飞溅，滚动时使滚筒从下向上，再从上向下"M"形滚动，对于阴角及上下口须用排笔、鬃刷涂刷施工。

（1）涂底层涂料作业可以适当采用一道或两道工序，在涂刷前要将涂料充分搅拌均匀，在涂刷过程中要求涂层厚薄一致，且避免漏涂。

（2）涂中间层涂料一般需要两遍且间隔不低于 2 h，复层涂料需要用滚涂方式，在进行涂刷的过程中要注意避免涂层不均匀，如弹点的大小与疏密不同，且要根据设计要求进行压平处理。

（3）面层涂料宜采用向上用力、向下轻轻回荡的方式以达到较好的效果，涂刷同时要注意设定好分界线，涂料不宜涂刷过厚，尽量一次完成以避免接痕等质量问题的产生。

（4）门垛口及墙面成品的保护要求涂刷面层涂料完毕后保持空气的流通以防止涂料膜干燥后表面无光或光泽不足，机械化粉刷的涂料未干前应保持周围环境的干净，不得打扫地面等以防止灰尘黏附墙面涂料。

（四）直接涂层墙面的绿色施工技术的质量保证措施

砖砌体的组砌过程通过实时监测，严格控制其垂直度等；配制的专用腻子基混合胶凝材料要加强控制和管理，严禁配比不当或使用不当情况的发生；按照施工工艺流程做好每道工序施工前的准备工作，避免由于准备不当造成材料的污染或者返工，进而导致质量下降和工期延长。粉煤灰加气墙体宜认真清理和提前浇水，一般浇水两遍，使水深度入墙达到 8~10 mm 即符合要求。施工前应用托线板、靠尺对墙面进行尺寸预测摸底，并保证墙面垂直、平整、阴阳角方正。压入耐碱玻纤网格布必须与皮腻子基混合料同步实施，且须调整其接触。机械化涂刷时应按照施工工艺流程，做好每道工序施工前的准备工作，以避免由于准备不当造成的涂料污染或者返工，进而导致质量下降和工期延长。机械化涂刷过程宜控制滚刷的力度与速度。在不同季节进行施工时，应注意不同涂料成膜助剂的使用量，夏季和冬季应该选择合适的实验标准，避免因为助剂使用不够而导致的开裂等问题。机械化涂刷过程应做到保量、保质，不出现漏涂、膜厚度不够等问题。

（五）直接涂层墙面绿色施工技术的环境保护措施

1. 节能环保的组织与管理制度的建立

建立施工环保管理机构，在施工过程中严格遵循国家和地方政府下发的有关环境保护的法律、法规和规章制度。加强对施工粉尘、生产生活垃圾的控制和治理，遵守文明施工、防火等规章制度，随时接受各级相关单位的监督检查。

2. 节能环保的具体措施

施工周边应根据噪声敏感区的不同，选择低噪声的设备及其他措施，同时应按有关规定控制施工作业时间。施工作业时操作人员应佩戴相应的保护设施及器材，如口罩、手套等以避免危害身体健康。材料使用后应及时封闭存放，废料应及时清除。施工时室内应保证良好的通风，以免对作业人员的健康造成损害。面层乳胶漆施工涂刷过程中不得污染地面、踢脚线等，已完成的分部分项工程，严禁在室内使用有机溶剂清洗工具。施工完成后要保证室内空气的流通，防止表面无光与光泽不足，不宜过早地打扫室内地面，严防粉尘造成的污染。

三、轻骨料混凝土内空隔墙的绿色施工技术

（一）轻质混凝土内空隔墙的构造

伴随高层及超高层建筑物的不断涌现，其所对应的建筑高度纪录被不断刷新，然而建筑高度的不断增加对建筑结构设计提出严峻的技术挑战，降低结构本身的自重及控制高层结构水平位移量是工程的设计与施工的重点和难点。传统技术的应用无法取得预期的目标，且存在耗时、耗料、质量难以保证等缺点，新型轻骨料混凝土内空隔墙创新的绿色施工技术解决了轻骨料混凝土内空隔墙整体性及耐久性差、保温隔热降噪效果不佳、施工操作较为复杂、施工现场环保控制效果不理想是质量控制难题。

轻骨料混凝土内隔墙的组成主要有四部分：龙骨结构、小孔径波浪形对拼金

属网、轻质陶粒混凝土骨料和面层水泥砂浆。现场安装制作、灵活布置内墙的分布，可大幅度降低自重、节省室内有限空间；在施工过程中完成水、电管线路在金属网片之间的固定与封装，其中压型钢板网现场切割制作，厚度为 0.8 mm，网孔规格 6~12 mm，滚压成波形状；龙骨材料采用热轧薄钢板，厚度为 0.6 mm，滚压成 "L" 形与 "C" 形，填槽或打底采用的轻骨料混凝土强度为 C40，轻骨料为 400 kg/m³ 陶粒，面层为 20 mm 厚 1∶3 水泥沙浆。该轻骨料混凝土内空隔墙的各项技术指标均满足要求，其复合结构最大限度地发挥了新材料、新体系及新工艺的最佳组合，符合当前建筑行业节能降噪与绿色施工的总要求。

（二）绿色施工的技术特点

基于龙骨安装、金属单片网的固定、水电管线的墙内铺设及轻质混凝土材料浇筑为关键工序的无间歇顺序法施工工艺，具备快捷、方便、高效的特性，适应轻骨料混凝土内空隔墙自重轻、分割效果灵活多变的安装要求，具有良好的保温、隔热及降噪功能。采用现场参数化切割制作满足超薄厚度要求的异形 A 和 B 型号对拼单片网。同时，用于支撑和固定的 L 形和 C 龙骨现场滚压成型，可加快施工安装的速度，满足并行、连续施工的要求。

L 形龙骨的精确定位与精致安装：与楼地面、楼顶面接触的 L 形边龙骨固定间距控制在 500 mm 以内，墙或柱边用分段的 "L" 形边龙骨进行连接，高度方向间距不大于 600 mm，连接件长度 200 mm，每个固定件有两个固定点。该绿色施工方法可实现超薄轻骨料混凝土内空隔墙的稳定性与耐久性。

金属网片及竖向龙骨同步安装：网片拼装时两网片之间用 22#扎丝连接固定，间距 400 mm 左右，并在中间设置一根 C 形竖向龙骨与网片进行连接，间距 450 mm 左右，网板与上下 L 形边龙骨连接处用 22#铁丝绑扎固定。对不足一块的网板应放在墙体中部，并加设一根龙骨。该施工工艺做法可进一步增强墙体的稳定性。

水电管在内空隔墙金属网内精确固定与永久封装：采用钢板网进行局部补强并填充一定高度的 C20 细石混凝土，以保证墙体与管线的整体性；开关及插座、接线盒等管线可预埋在中空内膜网片中，用 22#镀锌铁丝与中空内膜网片绑扎牢固，并用水泥砂浆固化且不得松动。

采用特殊的硅藻土涂料喷浆基底处理的绿色施工技术，实现灰浆层与网片结构的永久性黏结，按照顺序施工工艺完成 10 mm 厚 1∶3 水泥砂浆层、陶粒填凿层以及 10 mm 厚 1∶3 水泥砂浆抹面层的施工，其精细化的面层处理措施克服了开裂、平整度差的质量通病，可大幅度提高墙面质量，也为建筑内墙体高品质装修完成前期的准备工作。

（三）内空隔墙绿色施工的施工工艺流程

轻骨料混凝土内空隔墙的施工主要由瓦工、钢筋工等工种作业人员协调完成，用于固定结构的龙骨编织安装和水电配管的密封安装协调是施工过程的关键工序，通过合理的施工工艺流程及质量控制点的设置解决了轻骨料混凝土内空隔墙整体性及耐久性差、水电配管安装难度大、抹灰及外层表面质量差的质量难题，大幅度提升了墙体的施工速度。

（四）绿色施工的技术要点

1. 施工前的准备

根据已确定的图纸进行现场测量并计算龙骨、网片及配件的数量，同时及时反馈工厂进行加工制作；根据工程现场条件确定现场供水、供电及运输方式，编制劳动力需要计划，安排临时设施和生活设施，确保材料及设备进场后的堆放及保管；同时编制电气施工图专项方案并完成技术交底工作。

2. 金属网板及龙骨的加工制作

金属网板采用专用加工机械现场参数化制作，其中：可兼用内外墙用的 A 型单片网宽度尺寸为 450 mm，厚度为 60 mm，成墙后的厚度为 160 mm；专用于户内内空隔墙的 B 型单片网宽度为 540 mm，单片网板厚度为 27.5 mm，成墙厚度为 90~100 mm。

所用龙骨的制作采用冷轧或热轧薄钢板，其厚度为 0.6 mm，滚压成型为 L 和 C 形，L 形龙骨用于户内空墙 540 mm 间距布置，C 形龙骨用于户内空墙 450 mm间距布置，网板加工完成后应按长度不同分类进行堆放，网板堆放高度不应大于 10 块，以防挤压变形并保持通风及干燥。

3. 现场施工放线

轻骨料混凝土内空隔墙的放线施工与金属网板及龙骨的下料制作平行施工，可大幅度节约工期。放线前应清理地面并转移妨碍放线的设施及物品，根据基准线量出需要施工墙体的轴线并用墨线弹出，根据弹出的墙体轴线向两边用墨线弹出墙体安装的控制线且将底线引至顶棚并在墙或柱上弹出，由于墙体厚度较薄对测量放线的精度要求高，其尺寸误差控制在 10 mm 范围内；放线时应对特殊构造进行处理，应对门窗洞口的位置等在放线时标出，并注明尺寸及高度；放线结束时应及时报请监理单位进行验收，工序交验完成后方可进行下道工序施工。

4. L 形边龙骨的安装

根据放样墨线用射钉固定 L 形边龙骨，与楼地面、楼顶面接触的 L 形边龙骨固定间距控制在 500 mm 左右。上下 L 形边龙骨安装时朝向一致，墙或柱边用分段的 L 形边龙骨进行连接，高度方向间距不大于 600 mm，连接件长度 200 mm，每个固定件要求有两个固定点。门洞口在安装固定 L 形边龙骨时只安装顶棚部分，地面部分不安装 L 形边龙骨，安装固定后经现场检验方可进入下道施工工序。

（五）轻质隔墙绿色施工中的环境保护措施

建立和完善环境保护和文明施工管理体系，制定环境保护标准和具体措施，明确各类施工制作人员的环保职责，并对所有进场人员进行环保技术交底和培训，建立施工现场环境保护和文明施工档案。按照安全文明样板工地的要求对施工现场的加工场地、室内施工现场统一规划，分段管理，做到标牌清楚、齐全、醒目，施工现场整洁文明。

做好现场加工废料的回收工作，及时清理施工现场少量的建筑漏浆，做好卫生清扫与保持工作；及时进行室内通风，保持室内空气清洁，防止粉尘污染，如有必要采用通风除尘设备以保证室内作业环境空气指标；探照灯要选用既满足照明要求又不刺眼的新型节能灯具，做到节能、环保，并有效控制光污染；科学组织、选用先进的施工机械和技术措施，严格控制材料的浪费。

第四节　建筑安装工程的绿色施工综合技术

一、大截面镀锌钢板风管的制作与绿色安装技术

（一）大截面镀锌钢板风管的构造

镀锌钢板通风风管达到或超过一定的接缝截面尺寸界限会引起风管本身强度不足，进而伴随其服役时间的增加而出现翘曲、凹陷、平整度差等质量问题，最终影响其表观质量，导致建筑物的功能与品质严重受损。而基于L形插条下料、风管板材合缝以及机械成型L形插条准确定位安装的大截面镀锌钢板风管构造，主要通过用同型号镀锌钢板加工成L形插条在接缝处进行固定补强，采用镀锌钢板风管自动生产线及配套专用设备，须根据风管设计尺寸大小。在加工过程中可采用同规格镀锌钢板板材余料制作L形风管插条作为接缝处的补强构件，借助单平咬口机对板材余料进行咬口加工制作，在现场通过手工连接、固定于风管内壁两侧合缝处形成一种全新的镀锌钢管风管。

（二）大截面镀锌钢板风管绿色安装技术特点

大截面镀锌钢板风管采用L形插条补强连接全新的加固方法，克服了接缝处易变形、翘曲、凹陷、平整度差等质量问题，降低因质量问题导致返工的成本。形成充分利用镀锌钢板剩余边角料在自动生产线上一次成型的精细化加工制作工艺，保证无扭曲、角变形等大尺寸风管质量问题，同时可与加工制作后的现场安装工序实现无间歇和调整的连续对接。简单且易于实现的全过程顺序施工流程，采用L形加固插条无铆钉固定与风管合缝处的机械化固定处理相结合的关键作业工序。通过对镀锌钢板余料的充分利用，插条合缝处涂抹密封胶的选用、检测与深度处理，深刻体现着绿色、节能、经济、环保的特色与亮点。

（三）大截面镀锌钢板风管的绿色施工的技术要点

风板、插条下料前须对施工所用的主要原材料按有关规范和设计要求，进行

进场材料验收准备工作,对所使用的主要机具进行检验、检查和标定,合格后方可投入使用。现场机械机组准备就绪、材料准备到位,操作机器运行良好,调整到最佳工作状态,临时用电安全防护措施已落实。在保证机器完好并调整到最佳状态后,按照常规做法对板材进行咬口,咬口制作过程中宜控制其加工精度。

按规范选用钢板厚度,咬口形式的采用根据系统功能按规范进行加工,防止风管成品出现表面不同程度的下沉、稍向外凸出有明显变形的情况。安排专人操作风管自动生产线,正确下料,板料、风管板材、插条咬口尺寸正确,保证咬口宽度一致。

镀锌包钢板的折边应平直,弯曲度不应大于5/1000,弹性插条应与薄钢板法兰相匹配,角钢与风管薄钢板法兰四角接口应稳固、紧贴,端面应平整、相连接处不应该有大于2 mm的连续穿透缝。严格按风管尺寸公差要求,对口错位明显将使插条插偏;小口陷入大口内造成无法扣紧或接头歪斜、扭曲。插条不能明显偏斜,开口缝应在中间,不管插条还是管端咬口翻边应准确、压紧。

(四)大截面镀锌风管的绿色施工质量控制

建立健全质量管理机制,制定完善的质量管理规章及奖惩制度,并加强对技术人员的培训。实行自检、互检、专检制度,对整个施工工序的技术质量要点的关键问题向施工作业人员进行全面的技术交底。对关键工序、关键部位,要现场确定核实,对每个关键环节和重要工序进行复核、监督,发现问题及时解决。原材料进场须由专人保管,应按指定地点存放,防止在运输、搬运过程中造成原材料变形、破损。

二、异形网格式组合电缆线槽的绿色安装技术

(一)异形网格式组合电缆线槽

建筑智能化与综合化对相应的设备,特别是电气设备的种类、性能及数量提出更高的要求。建筑室内的布线系统呈现出复杂、多变的特点,给室内空间的装饰装修带来一定的影响。传统的线槽模式,如钢质电缆线槽、铝合金质线槽、防火阻燃式等类型,一定程度上解决了布线的问题,但在轻巧洁净、节约空间、安

装更换、灵活布局及与室内设备、构造搭配组合等方面仍然无法满足需求。全新概念的异形网格式组合电缆线槽，在提高品质、保证质量、加快安装速度等领域技术优势明显。

异形网格式组合电缆线槽是将电缆进行集中布线的空间网格结构，可灵活设置网格的形状与密度，不同的单体可以组合成大截面电缆线槽，以满足不同用电荷载的需求。同时各种角度的转角、三通、四通、变径、标高变化等的现场制作是保证电缆桥架顺利连接、灵活布局的关键，其支吊架的设置及线槽与相关设备的位置实现标准化，可大幅度提高安装的工程进度，在保证安全、环保的前提下最大限度地节约室内有限空间。

（二）异形网格式组合电缆线槽的绿色施工技术特点

采用面向安装位置需求的不同截面电缆线槽的现场组合拼装，通过现场特制不同角度的转角、变径、三通、四通等特殊构造，实现对电缆线槽布局、走向的精确控制，较传统的电缆线槽的布置更加灵活、多样化，局部区域节约室内空间10%左右。采用直径4~7 mm的低碳钢丝根据力学原理进行优化配置，混合制成异形网格式组合电缆线槽，网格的类型包括正方形、菱形、多边形等形状，根据配置需要灵活设置，每个焊点都是通过精确焊接的，其重量是普通桥架的40%左右，可散发热量并可保持清洁。

采用适用于不断更换、检修需要的单体拼装开放式结构，不同的线槽单体进行标志，总的线槽进行分区，同时在组合过程中预留接口形成半封闭系统，有利于继续增加线槽单体，满足用电容量增加的需要。对异形网格式组合电缆线槽的安装位置进行标准化控制：与一般工艺管道平行净距离控制在0.4 m，交叉净距离为0.3 m；强电异形网格式组合电缆线槽与强电网格式组合电缆线槽上下多层安装时，间距为300 mm；强电网格式组合电缆线槽与弱电网格式组合电缆线槽上下多层安装时，间距宜控制在500 mm。采用固定吊架、定向滑动吊架相结合的搭配方式，灵活布置，以保证其承载力，吊架间距宜为1.5~2.5 m，同一水平面内水平度偏差不超过5 mm/m。

（三）异形网格式组合电缆线槽的绿色施工技术要点

1. 施工前的准备工作

根据电气施工图纸确定网格式电缆线槽的立体定位、规格大小、敷设方式、支吊架形式、支吊架间距、转弯角度、三通、四通、标高变换等。

2. 电缆线槽与设备间关系的准确定位的绿色施工技术要点

异形网格式组合电缆线槽与一般工艺管道平行净距离为 0.4 m，交叉净距离为 0.3 m；当异形网格式组合电缆线槽敷设在易燃易爆气体管道和热力管道的下方，在设计无要求时，与管道的最小净距应符合规定：异形网格式组合电缆线槽不宜安装在腐蚀气体管道上方及腐蚀性液体管道的下方；当设计无要求时，异形网格式组合电缆桥架与具有腐蚀性液体或气体的管道平行净距离及交叉距离不小于 0.5m，否则应采取防腐、隔热措施。

强电异形网格式组合电缆线槽与强电异形网格式组合电缆线槽上下多层安装时，间距宜为 300 mm；强电异形网格式组合电缆线槽与弱电异形网格式组合电缆线槽上下多层安装时，间距宜为 500 mm，否则须采取屏蔽措施，其间距宜为300 mm；控制电缆异形网格式组合线槽与控制电缆异形网格式组合线槽上下多层安装时，间距宜为 200 mm；异形网格式组合电缆线槽沿顶棚吊装时，间距宜为 300 mm。

3. 吊架的制作与安装的绿色施工技术要点

根据异形网格式组合电缆线槽规格大小、承受线缆的重量、敷设方式，确定采用支吊架形式，可供选择的支吊架形式有托臂式、中间悬吊式、两侧悬吊式、落地式等形式。

吊架安装间距的确定：直线段水平安装吊架间距是根据网格式电缆桥架的材质、规格大小及承受线缆的重量来确定的，吊架间距宜为 1.5~2.5 m，同一水平面内水平度偏差不超过 5 mm/m，并考虑周围设备的影响。为确保异形网格式组合电缆线槽水平度偏差达到规范要求，敷设线缆的重量不得超过其最大承载重量。

异形网格式电缆桥架垂直安装时，间距不大于 2 m，直线度偏差不超过 5 mm/m，桥架穿越楼层时不作为固定点，支吊架、托架应与桥架加以固定，支吊架安装时应测量拉线定位，确定其方位、高度和水平度。

4. 异形网格式组合电缆线槽部件的制作

异形网格式组合电缆线槽的各种部件制作均采用直线段网格式电缆桥架现场制作，每个网格尺寸为 50 mm×100 mm。制作时须用断线钳或厂家专用电动剪线钳，将部分网格剪断，剪断后网丝尖锐边缘加以平整，以防电缆磨损。

5. 异形网格式组合电缆线槽安装技术要点

异形网格式组合电缆线槽吊架安装前应仔细研究图纸并考察现场，以避免与其他专业交叉而造成返工。异形网格式组合电缆桥架的弯头、三通、四通、引上段和偏心在现场安装前应确定标高、桥架安装位置，进而决定支吊架的形式，设置支吊点。所有异形网格式组合电线槽的吊杆要根据负荷选择，最小选择 M8 螺杆，水平横担选择 C41×25 型钢；垂直安装电缆线槽的支架选用 CB41×25 或 CB1×25 型钢；对线槽穿墙穿板在桥架安装完毕之后，应及时地盖好盖板对墙洞进行封堵和修补；当线槽碰到主风管、水管或者两路直角方向桥架标高有冲突时，应在冲突区域选择电缆线槽水平安装的支架间距为 1.2~1.5 m；垂直安装的支架间距不大于 1.5 m，在线槽转弯或分支时，吊杆支架间距要在 30~50 cm。

异形网格式组合电缆线槽支吊架安装时，首先确定首末端点，然后拉线保证吊点线性，顶部测量有困难时，可先在地面测量，标好位置后用线锤引至顶面，确保吊点位置。吊杆要留 30 mm 余量以保证异形网格式组合电缆线槽纵向调整裕量，除特殊说明外，异形网格电缆线槽横担长度：L=100 mm+电缆线槽宽度，吊杆与横担间距离大于 15 mm。异形网格式组合电缆线槽安装完毕后，应对支架和吊架进行调平固定，需要稳定的地方应加防晃支架。

6. 异形网格式组合电缆线接地安装技术要点

异形网格式组合电缆线槽系统应敷设接地干线，确保其具有可靠的电气连接并接地。异形网格式组合电缆线槽安装完毕后，要对整个系统每段桥架与接地干线接地连接进行检查，确保相互电气连接良好，在伸缩缝或软连接处须采用编织铜带连接。异形网格式电缆线槽及其支架或引入或引出的金属电缆导管，必须接地或接零可靠，其安装 95 mm² 裸铜绞线或 L25×4 扁铜排作为接地干线，异形网格式电缆线槽及其支架全长应有不少于两处与接地或接零干线相连接。敷设在竖井内和穿越不同防火区的电缆线槽，按设计要求位置设置防火隔堵措施，用防火泥封堵电缆孔洞时封堵应严密可靠，无明显的裂缝和可见的孔隙，孔洞较大时加耐火衬板后再进行封堵。

(四) 异形网格式组合电缆线槽的绿色施工质量控制

严格控制材料的下料，依据相关的图纸进行参数化下料，并控制制作过程中的变形。下料制作前进行弹线放样，严格按照图样进行加工制作，并做好制作过程中的防变形措施。地面预拼装组合，严防电缆线槽吊装过程中的变形。所有异形网格式组合电线槽的吊杆要根据负荷选择，合理选择吊架及其吊架的位置布置间距，保证不发生任何变形。严格控制异形网格式组合电缆线槽与其他相关设备之间的距离，避免相互之间的干扰。异形网格式组合电缆线槽安装完毕后须加设防晃支架，以保证其稳定性和安全性，做好异形网格式组合电缆线槽的各项成品保护工作。

第三章　建筑工程项目施工成本管理

第一节　建筑工程项目施工成本管理概述

建筑工程项目施工成本管理，是在保证工期和质量满足要求的情况下，采取相应的管理措施，把成本控制在计划范围内，寻求最大限度的成本节约。

一、施工成本的基本概念

成本是一种耗费，是耗费劳动的货币表现形式。工程项目是拟建或在建的建筑产品，属于生产成本，是生产过程所消耗的生产资料、劳动报酬和组织生产管理费用的总和。它包括消耗的主辅材料、结构件、周转材料的摊销费或租赁费，施工机械使用费或租赁费，支付给生产工人的工资和奖金，以及现场进行施工组织与管理所发生的全部费用支出。工程项目成本是产品的主要成分，降低成本以增加利润是项目管理的主要目标之一。成本管理是项目管理的核心。

施工项目成本是指建筑企业以施工项目为成本核算对象的施工过程中所耗费的全部生产费用的总和。其包括主材料、辅材料、结构件、周转材料的费用，生产工人的工资，机械使用费，组织施工管理所发生的费用等。施工项目成本是建筑企业的产品成本，也称为工程成本。

其一，以确定的某一项目为成本核算对象。

其二，施工项目施工发生的耗费，称为现场项目成本，不包括企业的其他环节发生的成本费用。

其三，核算的内容包括主材料、辅材料、结构件、周转材料的费用，生产工人的工资，机械使用费，其他直接费用，组织施工管理所发生的费用等。

二、施工成本的分类

（一）按成本发生的时间来划分

1. 预算成本

预算成本指按照建筑安装工程的实物量和国家或地区制定的预算定额单价及取费标准计算的社会平均成本，是以施工图预算为基础进行分析、归集、计算确定的，是确定工程成本的基础，也是编制计划成本、评价实际成本的依据。施工图预算反映的是社会平均成本水平，其计算公式如下：

施工图预算＝工程预算成本＋计划利润

施工图预算确定了建筑产品的价格，成本管理是在施工图预算范围内做文章。

2. 计划成本

计划成本指项目经理部在一定时期内，为完成一定建筑安装施工任务计划支出的各项生产费用的总和。它是成本管理的目标，也是控制项目成本的标准。它是在预算成本的基础上，根据上级下达的降低工程成本指标，结合施工生产的实际情况和技术组织措施而确定的企业标准成本。

3. 实际成本

实际成本指为完成一定数量的建筑安装任务，实际所消耗的各类生产费用的总和。

计划成本和实际成本都是反映施工企业成本水平的，它受企业本身的生产技术、施工条件及生产经营管理水平制约。两者比较，可提示成本的节约和超支，考核企业施工技术水平及技术组织措施的执行情况和企业的经营成果。实际成本与预算成本比较，可以反映工程盈亏情况，了解成本节约情况。预算成本可以理解为外部的成本水平，是反映企业竞争水平的成本。

其一，实际成本比预算成本低，利润空间大。

其二，实际成本等于预算成本，只有计划利润空间，没有利润空间。

其三，实际成本高于预算成本＋计划利润，施工项目出现亏损。

（二）按生产费用与工程量关系来划分

1. 固定成本

固定成本指在一定期间和一定的工程量范围内，发生的成本不受工程量增减变动的影响而相对固定的成本。如折旧费、大修理费、管理人员工资。

2. 变动成本

变动成本指发生总额随着工程量的增减变动而呈正比例变动的费用。如直接用于工程的材料费。

（三）按生产费用计入成本的方式来划分

1. 直接成本

直接成本指直接耗用并直接计入工程对象的费用。

直接成本是施工过程中耗费的构成工程实体和有助于工程形成的各项费用支出，包括人工费、材料费、机具使用费等，直接费用发生时，能确定其用于哪些工程，可以直接计入该工程成本。

2. 间接成本

间接成本指企业的各项目经理部为施工准备、组织和管理施工生产所发生的全部施工间接费用的支出。包括现场管理人员的人工费、资产使用费、工具（用具）使用费、保险费、检验试验费、工程保修费、工程排污费及其他费用等。

三、施工成本管理的特点和原则

（一）施工成本管理的特点

1. 成本中心

从管理层次上讲，企业是决策中心和利润中心，施工项目是企业的生产场地，大部分的成本耗费在此发生。实际中，建筑产品的价格在合同内确定后，企业扣除产品价格中的经营性利润部分和企业应收取的费用部分，将其余部分以预算成本的形式，把成本管理的责任下达到施工项目，要求施工项目经过科学、合理、经济的管理，降低实际成本，采取的相应措施。

例如 1000 万元的合同，扣除 300 万元计划利润和规费，把剩下来的 700 万元任务下达到项目经理部。

2. 事先控制

事先控制具有一次性的特点，只许成功不许失败，一般在项目管理的起点就要对成本进行预测，制订计划，明确目标，然后以目标为出发点，采取各种技术、经济、管理措施实现目标。即所谓"先算后干，边干边算，干完再算"。

3. 全员参与

施工项目成本管理的过程要求与项目的工期管理、质量管理、技术管理、分包管理、预算管理、资金管理、安全管理紧密结合起来，组成施工项目成本管理的完整网络。施工项目中的每一项管理工作、每一个内容都需要管理人员完成，成本管理不仅仅是财务部门的事情，可以说人人参与了施工项目的成本管理，他们的工作与项目的成本直接或间接，或多或少地有关联。

4. 全程监控

对事先设定的成本目标及相应措施的实施过程自始至终进行监督、控制和调整、修正。如建材价格的上涨、工程设计的修改、因建设单位责任引起的工期延误、资金的到位等变化因素发生，及时采取调整预算、合同索赔、增减账管理等一系列有针对性的措施。

5. 内容仅局限于项目本身的费用

只是对施工项目的直接成本和间接成本的管理，根据具体情况，开展增减账、合同索赔的核算管理等。

（二）施工成本管理的原则

1. 成本最低化原则

成本最低化原则是在一定的条件下分析影响各种降低成本的因素，制定可能实现的最低成本目标，通过有效的控制和管理，使实际执行结果满足最低目标成本的要求。

2. 全面成本管理原则

全面包括全企业、全员和全过程，简称"三全"。其中，全企业指企业的领导者不但是企业成本的责任人，还是工程施工项目成本的责任人。领导者应该制定施工项目成本管理的方针和目标，组织施工项目成本管理体系的建立和维持其正常运转，创造使企业全体员工能充分参与项目成本管理、实现企业成本目标的内部环境。

3. 成本责任制原则

将项目成本层层分解，即分级、分工、分人。企业的责任是降低企业的管理费用和经营费用，项目经理部的责任是完成目标成本指标和成本降低率指标。项目经理部对目标成本指标和成本降低率指标进行二次目标分解，根据不同岗位、不同管理内容，确定每个岗位的成本目标和所承担的责任，把总目标层层分解，落实到每一个人，通过每个指标的完成保证总目标的实现。否则就会造成有人工作无人负责的局面。

4. 成本管理有效化原则

成本管理有效化原则即将行政手段、经济手段和法律手段相结合，以达到用最少的人力和财力，完成较多的管理工作，从而提高工作效率的目的。

5. 成本科学化原则

在施工项目成本管理中，运用预测与决策方法、目标管理方法、量本利分析法等科学的、先进的技术和方法，实现成本科学化。

四、施工成本管理的措施

为取得施工成本管理的理想成效，应从多方面采取措施实施管理，通常将这些措施归纳为四方面：组织措施、技术措施、经济措施、合同措施。

（一）组织措施

组织措施是从施工成本管理的组织方面采取的措施。施工成本控制是全员的活动，如实行项目经理责任制，落实施工成本管理的组织机构和人员，明确各级施工成本管理人员的任务和职能分工、权利和责任。施工成本管理不仅是专业成本管理人员的工作，而且是各级项目管理人员的责任。

组织措施还要编制施工成本控制工作计划，确定合理详细的工作流程。要做好施工采购规划，通过生产要素的优化配置、合理使用、动态管理，有效控制实际成本；加强施工定额管理和施工任务单管理，控制活劳动和物化劳动的消耗；

加强施工调度，避免因施工计划不周和盲目调度造成窝工损失、机械利用率降低、物料积压等使施工成本增加。成本控制工作只有建立在科学管理的基础之上，具备合理的管理体制、完善的规章制度、稳定的作业秩序、完整准确的信息传递，才能取得成效。组织措施是其他各类措施的前提和保障，一般不需要增加什么费用，运用得当，可以收到良好的效果。

（二）技术措施

技术措施不仅对解决施工成本管理过程中的技术问题是不可缺少的，而且对纠正施工成本管理目标偏差也有重要的作用。因此，运用技术纠偏措施的关键，一是能提出多个不同的技术方案，二是对不同的技术方案进行技术经济分析。

施工过程中，降低成本的技术措施，包括进行技术经济分析，确定最佳的施工方案；结合施工方法，进行材料使用的比选，在满足功能要求的前提下，通过代用、改变配合比、使用添加剂等方法降低材料消耗的费用；确定最合适的施工机械、设备使用方案；结合项目的施工组织设计及自然地理条件，降低材料的库存成本和运输成本；提倡先进的施工技术应用、新材料运用、新开发机械设备使用等。在实践中，也要避免仅从技术角度选定方案而忽视对其经济效果的分析论证。

（三）经济措施

经济措施是最易被人们接受和采用的措施。管理人员应编制资金使用计划，确定、分解施工成本管理目标。对施工成本管理目标进行风险分析，制定防范性对策。对各种支出，应认真做好资金的使用计划，并在施工中严格控制各项开支，及时准确地记录、收集、整理、核算实际发生的成本。对各种变更，及时做好增减账，及时落实业主签证，及时结算工程款。通过偏差分析和未完工工程预测，可发现一些潜在的问题，将引起未完工程施工成本增加。对这些问题，应以主动控制为出发点，及时采取预防措施。由此可见，经济措施的运用绝不仅仅是财务人员的事情。

（四）合同措施

采用合同措施控制施工成本，应贯穿整个合同周期，包括从合同谈判开始到合同终结的全过程。首先，选用合适的合同结构，对各种合同结构模式进行分析、比较，合同谈判时，正确选用适合工程规模、性质和特点的合同结构模式。其次，合同的条款中应仔细考虑一切影响成本和效益的因素，特别是潜在的风险因素。最后，通过对引起成本变动的风险因素的识别和分析，采取必要的风险对策，如通过合理的方式增加承担风险的个体数量、降低损失发生的比例，最终使这些策略反映在合同的具体条款中。合同执行期间，合同管理的措施是：既要密切注视对方对合同执行的情况，以寻求合同索赔的机会，也要密切关注自己履行合同的情况，以防止被对方索赔。

第二节 建筑工程项目施工成本计划与控制

成本计划通常包括从开工到竣工所必需的施工成本，是以货币形式预先规定项目在进行中的施工生产耗费的计划总水平，是实现降低成本费用的指导性文件。

一、施工成本计划的类型

（一）竞争性成本计划

竞争性成本计划，是工程项目投标及签订合同阶段的估算成本计划。它是以招标文件中的合同条件、投标者须知、技术规程、设计图纸或工程量清单等为依据，以有关价格条件说明为基础，结合调研和现场考察获得的情况，根据本企业的工料消耗标准、水平、价格资料和费用指标，对本企业完成招标工程所需要支出的全部费用的估算。

（二）指导性成本计划

指导性成本计划，即选派项目经理阶段的预算成本计划，是项目经理的责任成本目标。它是以合同标书为依据，按照企业的预算定额标准制订的设计预算成本计划。一般情况下，只确定责任总成本指标。

（三）实施性成本计划

实施性成本计划，即项目施工准备阶段的施工预算成本计划。它是以项目实施方案为依据，以落实项目经理的责任目标为出发点，采用企业的施工定额，通过施工预算的编制形成的实施性施工成本计划。

竞争性成本计划是投标及签订合同阶段的估算成本计划，以招标文件中的合同条件、投标者须知、技术规程、设计图纸、工程量清单为依据。指导性成本计划是选派项目经理阶段的预算成本计划，是项目经理的责任成本目标，是以合同为依据，按照企业的预算定额，制订的设计预算成本计划。实施性成本计划是施工准备阶段的施工预算成本计划，以项目实施方案为依据，采用企业的施工定额，通过施工预算的编制，形成的实施性施工成本计划。竞争性成本计划带有成本战略性质，是投标阶段商务标书的基础；指导性成本计划和实施性成本计划，是战略性成本计划的展开和深化。

二、施工成本计划编制的原则

（一）从实际情况出发

编制成本计划必须根据国家方针政策，从企业的实际情况出发，充分挖掘企业内部潜力，使降低成本指标既积极可靠，又切实可行。施工项目管理部门降低成本的潜力在于正确合理地选择施工方案，合理组织施工，提高劳动生产率，改善材料供应，降低材料消耗，提高机械利用率，节约施工管理费用等。

（二）与其他计划结合

编制成本计划，必须与施工项目的其他各项计划（如施工方案、生产进度、财务计划、材料供应及耗费计划等）密切结合，保持平衡。成本计划一方面根据施工项目的生产、技术组织措施、劳动工资和材料供应等计划编制，另一方面又影响着其他各种计划指标。每种计划指标都应考虑适应降低成本的要求，与成本计划密切配合，不能只单纯考虑每种计划本身的需要。

（三）统一领导、分级管理

编制成本计划，应实行统一领导、分级管理的原则，走群众路线的工作方法。它应在项目经理的领导下，以财务和计划部门为中心，发动全体职工共同参与，总结降低成本的经验，找出降低成本的正确途径，使成本计划的制订和执行具有广泛的群众基础。

（四）弹性原则

编制成本计划，应留有充分余地，保持计划的一定弹性。在编制计划期间，项目经理部的内部或外部的技术经济状况和供产销条件，很可能发生未预料的变化，尤其是在材料供应和市场价格方面，给计划拟订带来很大的困难。因此，在编制计划时，应充分考虑到这些情况，使计划保持一定的应变能力。

三、施工成本计划的编制依据

编制施工成本计划，需要广泛收集相关资料并进行整理，作为施工成本计划编制的依据。根据有关设计文件、工程承包合同、施工组织设计、施工成本预测资料等，按照施工项目应投入的生产要素，结合各种因素的变化和拟采取的各种措施，估算项目生产费用支出的总水平，提出施工项目的成本计划控制指标，确定目标总成本。目标总成本确定后，应将总目标分解落实到各个机构、班组及便于进行控制的子项目或工序。最后，通过综合平衡，编制完成施工成本计划。

施工成本计划的编制依据如下：

其一，投标报价文件。

其二，企业定额、施工预算。

其三，施工组织设计或施工方案。

其四，人工、材料、机械台班的市场价。

其五，企业颁布的材料指导价、企业内部机械台班价格、劳动力内部挂牌价格。

其六，周转设备内部租赁价格、摊销损耗标准。

其七，已签订的工程合同、分包合同。

其八，拟采取的降低施工成本的措施。

其九，其他相关材料等。

四、施工成本计划的编制方法

施工成本计划的编制以成本预测为基础，关键是确定目标成本。计划的制订须结合施工组织设计的编制过程，通过不断优化施工技术方案和合理配置生产要素，分析工、料、机的消耗，制定一系列节约成本的挖潜措施，确定施工成本计划。施工成本计划总额应控制在目标成本的范围内，使成本计划建立在切实可行的基础上。施工总成本目标确定后，通过编制详细的实施性施工成本计划把目标成本层层分解，落实到施工过程的每个环节，有效地控制成本。

（一）按施工成本组成编制施工成本计划的方法

施工成本可以按成本组成分解为人工费、材料费、施工机具使用费、企业管理费，按施工成本组成编制施工成本计划。

施工成本中不含规费、利润、税金，因此，施工成本分解要素中也没有间接费这一项。

（二）按项目组成编制施工成本计划的方法

大中型工程项目通常是由若干单项工程构成的，每个单项工程包括多个单位工程，每个单位工程又由若干个分部分项工程构成。因此，首先要把项目总施工成本分解到单项工程和单位工程中，再进一步分解为分部工程和分项工程。

完成施工项目成本目标分解之后，接下来就要具体地分配成本，编制分项工程的成本支出计划，从而得到详细的成本计划表，见表3-1。

表3-1　分项工程成本支出计划表

分项工程编码	工程内容	计量单位	工程数量	计划成本	本分项总计

编制成本支出计划表时，要在项目方面考虑总预备费，要在主要分项工程中安排适当的不可预见费，避免在具体编制成本计划时，发现个别单位工程或工程量表中某项内容的工程量计算有较大出入，使原来的成本预算失实，在项目实施过程中要尽可能地采取一些措施。

（三）按工程进度编制施工成本计划的方法

编制按工程进度的施工成本计划，通常利用控制项目进度的网络图进一步扩充得到。在建立网络图时，一方面确定完成各项工作所需花费的时间，另一方面确定完成工作合适的施工成本支出计划。

实践中，工程项目分解为既能表示时间，又能表示施工成本支出计划的工作是不容易的。通常，如果项目分解程度对时间控制合适的话，则对施工成本支出计划可能分解过细，以致不可能对每项工作确定施工成本支出计划；反之亦凡是。因此，编制网络计划时，应充分考虑进度控制对项目划分的要求，还应考虑确定施工成本支出计划对项目划分的要求，做到二者兼顾。通过对施工成本目标按时间进行分解，在网络计划的基础上，获得项目进度计划的横道图，在此基础上编制成本计划。其表示方式有两种：一种是在时标网络图上按月编制的成本计划，另一种是利用时间—成本累计曲线（S形曲线）表示。我们主要介绍时间—成本累计曲线。

时间—成本累计曲线的绘制步骤如下：

1. 确定工程项目进度计划，编制进度计划的横道图。

2. 根据单位时间内完成的实物工程量或投入的人力、物力和财力，计算单位时间（月或旬）的成本，在时标网络图上按时间编制成本支出计划。

3. 将各单位时间计划完成的投资额累计，得到计划累计完成的投资额。

4. 按各规定时间的投资值，绘制S形曲线。

每条S形曲线都对应某一特定的工程进度计划。在进度计划的非关键线路中存在许多有时差的工序或工作，因而S形曲线（成本计划值曲线）必然包括在由全部工作都按最早开始时间开始和全部工作都按最迟必须开始时间开始的曲线组成的"香蕉图"内。项目经理可根据编制的成本支出计划合理安排资金，同时，项目经理根据筹措的资金调整S形曲线，即通过调整非关键线路上的工序项目的最早或最迟开工时间，力争将实际的成本支出控制在计划的范围内。

一般而言，所有工作都按最迟开始时间开始，对节约资金贷款利息是有利的，但同时也会降低项目按期竣工的保证率。因此，项目经理必须合理地确定成本支出计划，达到既节约成本支出，又能控制项目工期的目的。

五、施工成本控制的意义和目的

施工项目的成本控制，通常指在项目成本的形成过程中，对生产经营所消耗的人力资源、物质资源和费用开支进行指导、监督、调节和限制，及时纠正将要发生和已经发生的偏差，把各项生产费用控制在计划成本的范围之内，保证成本目标的实现。

施工项目的成本目标，有企业下达或内部承包合同规定的，也有项目自行制定的。成本目标只有一个成本降低率或降低额，即使加以分解，也是相对明细的降本指标而言，且难以具体落实，以致目标管理流于形式，无法发挥控制成本的作用。因此，项目经理部必须以成本目标为依据，结合施工项目的具体情况，制订明细而具体的成本计划，使之成为"看得见、摸得着、能操作"的实施性文件。这种成本计划应该包括每一个分部分项工程的资源消耗水平，以及每一项技术组织措施的具体内容和节约数量金额，既可指导项目管理人员有效地进行成本控制，又可作为企业对项目成本检查考核的依据。

六、施工成本控制的原则

（一）开源与节流相结合的原则

降低项目成本需要一面增加收入，一面节约支出。因此，在成本控制中，也应该坚持开源与节流相结合的原则，做到每发生一笔金额较大的成本费用都要查一查有无与其相对应的预算收入、是否支大于收。在经常性的分部分项工程成本核算和月度成本核算中，要进行实际成本与预算收入的对比分析，从中探索成本节超的原因，纠正项目成本的不利偏差，提高项目成本的降低水平。

（二）全面控制原则

1. 项目成本的全员控制

项目成本是一项综合性很强的指标，涉及企业内部各个部门、各个单位和全体职工的工作业绩。要想降低成本，提高企业的经济效益，必须充分调动企业广大职工"控制成本、关心成本、降低成本"的积极性和参与成本管理的意识。做到上下结合，专业控制与群众控制相结合，人人参与成本控制活动，人人有成本控制指标，积极创造条件，逐步实行成本控制制度。这是实现全面成本控制的关键。

2. 全过程成本控制

工程项目确定后，自施工准备开始，经过工程施工，到竣工交付使用后的保修期结束，整个过程都应实行成本控制。

3. 全方位成本控制

成本控制不能单纯强调降低成本，必须兼顾各方面的利益，既要考虑国家利益，又要考虑集体利益和个人利益，既要考虑眼前利益，更要考虑长远利益。因此，成本控制中，绝不能片面地为了降低成本而不顾工程质量，靠偷工减料、拼设备等手段，以牺牲企业的长远利益、整体利益和形象为代价，换取一时的成本降低。

（三）动态控制原则

施工项目是一次性的，成本控制应强调项目的过程控制，即动态控制。施工准备阶段的成本控制是根据施工组织设计的具体内容确定成本目标、编制成本计划、制订成本控制的方案，为今后的成本控制作准备。对于竣工阶段的成本控制，由于成本盈亏已基本成定局，即使发生问题，也已来不及纠正。因此，施工过程阶段成本控制的好坏对项目经济效益的取得具有关键性作用。

（四）目标管理原则

目标管理是进行任何一项管理工作的基本方法和手段，成本控制应遵循这一原则，即目标设定、分解—目标的责任到位和成本执行结果—评价考核和修正目标，形成目标成本控制管理的计划、实施、检查、处理的循环。在实施目标管理的过程中，目标的设定应切合实际，落实到各部门甚至个人，目标的责任应全面，既要有工作责任，也要有成本责任。

（五）例外管理原则

例外管理是西方国家现代管理常用的方法，起源于决策科学中的例外原则，目前被更多地用于成本指标的日常控制。工程项目建设过程的诸多活动中，许多活动是例外的，如施工任务单和限额领料单的流转程序等，通常通过制度保证其顺利进行。但也有一些不经常出现的问题，我们称之为例外问题。这些例外问题，往往是关键性问题，对成本目标的顺利完成影响很大，因此必须予以高度重视。例如成本管理中常见的成本盈亏异常现象，即盈余或亏损超过了正常的比例；本来是可以控制的成本，突然发生了失控现象；某些暂时的节约，有可能对今后的成本带来隐患（如由于平时机械维修费的节约，造成未来的停工修理和更大的经济损失）等，都应视为例外问题。因此要对其进行重点检查，深入分析，并采取相应措施加以纠正。

（六）责、权、利相结合的原则

要想使成本控制真正发挥及时有效的作用，必须严格按照经济责任制要求，贯彻责、权、利相结合的原则。

项目施工过程中，项目经理、工程技术人员、业务管理人员及各单位和生产班组都负有成本控制的责任，从而形成整个项目的成本控制责任网络。另外，各部门、各单位、各班组肩负成本控制责任的同时，还应享有成本控制的权利，即在规定的权限范围内可以决定某项费用能否开支、如何开支和开支多少，以行使对项目成本的实质性控制。项目经理还要对各部门、各单位、各班组在成本控制中的业绩进行定期的检查和考评，并与工资分配紧密挂钩，有奖有罚。实践证明，只有责、权、利相结合的成本控制，才是名实相符的项目成本控制，才能收到预期效果。

七、施工成本控制的依据

（一）工程承包合同

施工成本控制要以工程承包合同为依据，围绕降低工程成本这个目标，从预算收入和实际成本两方面，挖掘增收节支潜力，以求获得最大的经济效益。

（二）施工成本计划

施工成本计划根据施工项目的具体情况制订施工成本控制方案，既包括预定的具体成本控制目标，又包括实现控制目标的措施和规划，是施工成本控制的指导文件。

（三）进度报告

进度报告提供每一时刻工程的实际完成量、工程施工成本实际支付情况等重要信息。施工成本控制工作通过把实际情况与施工成本计划相比较，找出两者之间的差别，分析偏差产生的原因，采取措施改进工作。此外，进度报告还有助于管理者及时发现工程实施中存在的问题，在事态还未造成重大损失之前采取有效措施，避免损失。

（四）工程变更

在项目的实施过程中，由于各方面的原因，工程变更是很难避免的。

工程变更一般包括设计变更、进度计划变更、施工条件变更、技术规范与标准变更、施工次序变更、工程数量变更等。一旦出现变更，工程量、工期、成本都将发生变化，使施工成本控制工作变得更加复杂和困难。因此，施工成本管理人员应当通过对变更要求中各类数据的计算、分析，随时掌握变更情况，包括已发生的工程量、将要发生的工程量、工期是否拖延、支付情况等重要信息，判断变更及变更可能带来的索赔额度等。

除上述几种施工成本控制工作的主要依据以外，有关施工组织设计、分包合同等也都是施工成本控制的依据。

八、施工成本控制的方法

施工阶段是控制建设工程项目成本发生的主要阶段，通过确定成本目标并按计划成本进行施工、资源配置，对施工现场发生的各种成本费用进行有效控制。具体控制方法如下：

（一）施工成本的过程控制方法

1. 施工前期的成本控制

首先抓源头，随着市场经济的发展，施工企业处于"找米下锅"的紧张状态，忙于找信息，忙于搞投标，忙于找关系。为了中标，施工企业把标价越压越低。有的工程项目，管理稍一放松，就会发生亏损，有的项目亏损额度较大。因此，做好投标前的成本预测、科学合理地计算投标价格及投标决策尤为重要。为此，在投标报价时，要认真识别招标文件涉及的经济条款，了解业主的资信及履约能力，制作投标报价做到心中有数。投标标价报出前，应组织专业人员进行评审论证，在此基础上，报企业领导决策。

为做好标前成本预测，企业要根据市场行情，不断收集、整理、完善符合本企业实际的内部价格体系，为快速准确地预测标前成本提供有力保证。同时，投标也要发生多种费用，包括标书费、差旅费、咨询费、办公费、招待费等。因此，提高中标率、节约投标费用开支，也成为降低成本开支的一项重要内容。对于投标费用，要与中标价相关联的指标挂钩，实施总额控制，规范开支范围和数额，应由一名企业领导专门负责招标投标工作及管理。

中标后，企业在合同签约时，一方面要据理力争，因为有的开发商在投标阶段将不利于施工企业的合同条件列入招标文件，并且施工企业在投标时对招标文件已确认，要想改变非常困难；另一方面也要利用签约机会，对相关不利的条款与业主协商，尽可能地做到公平、合理，力争将风险降至最低限度后再与业主签约。签约后，要及时向公司领导及项目部相关部门的相关人员进行合同交底，通过不同形式的交底，使项目部的相关管理人员明确本施工合同的全部相关条款、内容，为下一步扩大项目管理的盈利点，减少项目亏损打下基础。

2. 施工准备阶段的成本控制

根据设计图纸和技术资料，对施工方法、施工顺序、作业组织形式、机械设备选型、技术组织措施等进行认真的研究分析，运用价值工程原理，制订科学先进、经济合理的施工方案。根据企业下达的成本目标，以分部分项工程实物工程量为基础，结合劳动定额、材料消耗定额和技术组织措施的节约计划，在优化施工方案的指导下，编制详细的成本计划，并按照部门、施工队和班组的分工进行分解，作为部门、施工队和班组的责任成本落实下去，为今后的成本控制作好准备。根据项目建设时间的长短和参加人数的多少，编制间接费用预算，对预算明细进行分解，并以项目经理部有关部门（或业务人员）责任成本的形式落实下去，为今后的成本控制和绩效考评提供依据。

3. 施工过程中的成本控制

（1）人工费的控制

人工费的控制实行"量价分离"的方法，将作业用工及零星用工按定额工日的一定比例综合确定用工数量与单价，通过劳务合同进行控制。

①制定先进合理的企业内部劳动定额，严格执行劳动定额，并将安全生产、文明施工及零星用工下达到作业队进行控制。全面推行全额计件的劳动管理方法和单项工程集体承包的经济管理方法，以不超出施工图预算人工费指导为控制目标，实行工资包干制度，认真执行按劳分配的原则，使职工个人所得与劳动贡献一致，充分调动广大职工的劳动积极性，提高劳动力效率。把工程项目的进度、安全、质量等指标与定额管理结合起来，提高劳动者的综合能力，实行奖励制度。

②提高生产工人的技术水平和作业队的组织管理水平，根据施工进度、技术要求，合理配备各工种工人数量，减少和避免无效劳动。不断改善劳动组织，创造良好的工作环境，改善工人的劳动条件，提高劳动效率。合理调节各工序人数的安排情况，安排劳动力时，尽量做到技术工不做普通工的工作，高级工不做低级工的工作，避免技术上的浪费，既要加快工程进度，又要节约人工费用。

③加强职工的技术培训和多种施工作业技能培训，培养一专多能的技术工人，不断提高职工的业务技术水平和熟练操作程度及作业工效。提倡技术革新并推广新技术，提升技术装备水平和工厂化生产水平，提高企业的劳动生产率。

④实行弹性需求的劳务管理制度。对于施工生产各环节上的业务骨干和基本的施工力量，要保持相对稳定；对于短期需要的施工力量，要做好预测、计划管理，通过企业内部的劳务市场及外部协作队伍进行调剂。严格做到项目部的定员随工程进度要求及时调整，进行弹性管理。打破行业、工种界限，提倡一专多能，提高劳动力的利用效率。

（2）材料费的控制

材料费控制按照"量价分离"的原则，控制材料用量和材料价格。

①材料用量的控制

在保证符合设计要求和质量标准的前提下，合理使用材料，通过定额管理、计量管理等手段有效控制材料物资的消耗，具体方法如下：

a. 定额控制：对于有消耗定额的材料，以消耗定额为依据，实行限额发料制度。在规定限额内分期分批领用，对于超过限额领用的材料，必须先查明原因，经过审批手续方可领料。

b. 指标控制：对于没有消耗定额的材料，则实行计划管理和按指标控制的办法。根据以往项目的实际耗用情况，结合具体施工项目的内容和要求，制定领用材料指标，以控制材料发放。对于超过指标的材料，必须经过一定的审批手续方可领用。

c. 计量控制：准确做好材料物资的收发计量检查和投料计量检查。

d. 包干控制：材料使用过程中，对于部分小型及零星材料（如钢钉、钢丝等），根据工程量计算出所需材料量，将其折算成费用，由作业者包干控制。

②材料价格的控制

材料价格主要由材料采购部门控制。由于材料价格是由买价、运杂费、运输中的合理损耗等组成，因此控制材料价格主要通过掌握市场信息，应用招标和询价等方式控制材料、设备的采购价格。

施工项目的材料物资包括构成工程实体的主要材料和结构件，以及工程实体形成的周转使用材料和低值易耗品。从价值角度看，材料物资的价值占建筑安装工程造价的60%~70%，重要程度自然不言而喻。由于材料物资的供应渠道和管理方式各不相同，所以控制的内容和所采取的控制方法也有所不同。

（3）施工机械使用费的控制

合理选择施工机械设备。合理使用施工机械设备对成本控制具有十分重要的意义，尤其是对高层建筑的施工意义更为重大。据工程实例统计，高层建筑地面以上部分的总费用中，垂直运输机械费用占 6%～10%。由于不同的起重运输机械各有不同的用途和特点，因此在选择起重运输机械时，应根据工程特点和施工条件确定采用何种不同起重运输机械的组合方式。确定采用何种组合方式时，在满足施工需要的同时，还要考虑到费用的高低和综合经济效益。

施工机械使用费主要由台班数量和台班单价决定。为有效控制施工机械使用费支出，主要从以下四方面进行控制。

①合理安排施工生产，加强设备租赁计划管理，减少因安排不当引起的设备闲置。

②加强机械设备的调度工作，尽量避免窝工，提高现场设备利用率。

③加强现场设备的维修保养，避免因不正确使用造成机械设备的停置。

④做好机上人员与辅助生产人员的协调与配合，提高施工机械台班产量。

（4）施工分包费用的控制

分包工程价格的高低，必然对项目经理部的施工项目成本产生一定的影响。因此，施工项目成本控制的重要工作之一是对分包价格的控制。项目经理部应在确定施工方案的初期就要确定需要分包的工程范围。决定分包范围的因素主要是施工项目的专业性和项目规模。对分包费用的控制，主要是做好分包工程的询价、订立平等互利的分包合同、建立稳定的分包关系网络、加强施工验收和分包结算等工作。

4. 竣工验收阶段的成本控制

（1）精心安排，干净利落地完成工程竣工扫尾工作。从现实情况看，很多工程到扫尾阶段，会把主要施工力量抽调到其他在建工程，以致扫尾工作拖拖拉拉，战线拉得很长，机械、设备无法转移，成本费用照常发生，使在建阶段取得的经济效益逐步流失。因此，一定要精心安排（因为扫尾阶段工作面较小，人多了反而会造成浪费），采取"快刀斩乱麻"式的方法，把竣工扫尾时间缩短到最低限度。

（2）重视竣工验收工作，顺利交付使用。在验收以前，要准备好验收所需要的各种资料（包括竣工图），送甲方备查。对验收中甲方提出的意见，应根据设计要求和合同内容认真处理，如果涉及费用，应请甲方签证，列入工程结算。

（3）及时办理工程结算。一般来说，工程结算造价按原施工图预算增减账目。施工过程中，有些按实际结算的经济业务，由财务部门直接支付的，项目预算员不掌握资料，往往会在工程结算时遗漏。因此，在办理工程结算以前，要求项目预算员和成本员进行认真全面的核对。

（4）工程保修期间，应由项目经理指定保修工作责任者，并责成保修工作责任者根据实际情况提出保修计划（包括费用计划），以此作为控制保修费用的依据。

（二）赢得值法

赢得值法（Earned Value Management，EVM）作为一项先进的项目管理技术，也叫挣值法。到目前为止，国际上先进的工程公司已普遍采用赢得值法进行工程项目的费用、进度综合分析控制。用赢得值法进行费用、进度综合分析控制，基本参数有三项，即已完工作预算费用、计划工作预算费用和已完工作实际费用。

1. 赢得值法的三个基本参数

（1）已完工作预算费用

已完工作预算费用（Budgeted Cost for Work Performed，BCWP），指在某一时间已经完成的工作（或部分工作），以批准认可的预算为标准所需要的资金总额。由于业主是根据这个值为承包人完成的工作量支付相应的费用，也就是承包人获得（挣得）的金额，故又称赢得值或挣值。

已完工作预算费用（BCWP）＝已完工作量×预算（计划）单价

（2）计划工作预算费用

计划工作量的预算费用（Budgeted Cost For Work Scheduled，BCWS），即根据进度计划在某一时刻应当完成的工作（或部分工作），以预算为标准所需要的资金总额。一般来说，除非合同有变更，BCWS 在工程实施过程中保持不变。

计划工作预算费用（BCWS）＝计划工作量×预算（计划）单价

（3）已完工作实际费用

已完工作实际费用（Actual Cost for Work Performed，ACWP），即到某一时刻为止，已完成的工作（或部分工作）实际所花费的总金额。

已完工作实际费用（ACWP）＝已完工作量×实际单价

2. 赢得值法的四个评价指标

在这三个基本参数的基础上，可以确定赢得值法的四个评价指标，它们也都是时间的函数。

（1）费用偏差（Cost Variance，CV）

费用偏差（CV）＝已完工作预算费用（BCWP）−已完工作实际费用（ACWP）

费用偏差（CV）为负值时，表示项目运行超出预算费用；费用偏差为正值时，表示项目运行节支，实际费用没有超出预算费用。

（2）进度偏差（Schedule Variance，SV）

进度偏差（SV）＝已完工作预算费用（BCWP）−计划工作预算费用（BCWS）

当进度偏差（SV）为负值时，表示进度延误，即实际进度落后于计划进度；当进度偏差（SV）为正值时，表示进度提前，即实际进度快于计划进度。

（3）费用绩效指数（Cost Performance Index，CPI）

费用绩效指数（CPI）＝已完工作预算费用（BCWP）/已完工作实际费用（ACWP）

当费用绩效指数（CPI）<1 时，表示超支，即实际费用高于预算费用；当费用绩效指数（CPI）>1 时，表示节支，即实际费用低于预算费用。

（4）进度绩效指数（Schedule Performance Index，SPI）

进度绩效指数（SPI）＝已完工作预算费用（BCWP）/计划工作预算费用（BCWS）

当进度绩效指数（SPI）<1 时，表示进度延误，即实际进度比计划进度拖后；当进度绩效指数（SPI）>1 时，表示进度提前，即实际进度比计划进度快。

费用（进度）偏差反映的是绝对偏差，结果很直观，有助于费用管理人员了解项目费用出现偏差的绝对数额，并依此采取相应措施，制订或调整费用支出计划和资金筹措计划。但是，绝对偏差有其不容忽视的局限性。如同样是 10 万元的费用偏差，对总费用 1000 万元的项目和总费用 1 亿元的项目而言，其严重性显然是不同的。因此，费用（进度）偏差仅适合于对同一项目做偏差分析。费用（进度）绩效指数反映的是相对偏差，它不受项目层次的限制，也不受项目实施时间的限制，因而在同一项目和不同项目比较中均可采用。

在项目的费用、进度综合控制中引入赢得值法，可以克服进度、费用分开控制的缺点，即：当我们发现费用超支时，很难立即知道是由于费用超出预算，还是由于进度提前；相反，当我们发现费用低于预算时，也很难立即知道是由于费用节省，还是由于进度拖延。而引入赢得值法，即可定量地判断进度、费用的执行效果。

3. 偏差分析方法

偏差分析可以采用不同的表达方法，常用的有横道图法、时标网络图法、表格法、曲线法等。

（1）横道图法

运用横道图法进行费用偏差分析，是用不同的横道标识已完工作预算费用、计划工作预算费用和已完工作实际费用，横道的长度与其金额成正比。横道图法具有形象、直观、一目了然等优点，能准确表达出费用的绝对偏差，能用眼感受到偏差的严重性。但这种方法反映的信息量少，一般在项目的较高管理层应用。

（2）时标网络图法

时标网络图以水平时间坐标尺度表示工作时间。时标的时间单位根据需要可以是天、周、月等。在时标网络计划中，实箭线表示工作，实箭线长度表示工作持续时间，虚箭线表示虚工作，波浪线表示工作与其今后工作的时间间隔。

（3）表格法

表格法是进行偏差分析最常用的一种方法。它将项目编码、名称、各费用参数及费用偏差数总和归纳在表格中，直接在表格中进行比较。由于各偏差参数都在表中列出，使得费用管理者能够综合地了解并处理这些数据。

用表格法进行偏差分析具有如下优点。

①灵活性大、适用性强。可根据实际需要设计表格，进行增减项。

②信息量大。可以反映偏差分析所需的资料，有利于费用控制人员及时采取

有针对性的措施，加强控制。

③表格处理可借助计算机，从而节约处理大量数据所需的人力，并大大提高速度。

（4）曲线法

曲线法是用投资时间曲线（S形曲线）进行分析的一种方法。通常有三条曲线，即已完工作实际费用曲线、已完工作预算费用曲线、计划工作预算费用曲线。已完工作实际费用与已完工作预算费用两条曲线之间的竖向距离表示投资偏差，计划工作预算费用与已完工作预算费用曲线之间的水平距离表示进度偏差。

第三节 建筑工程项目施工成本核算与分析

一、施工成本核算的对象和内容

（一）施工成本核算对象

施工成本核算对象，是在成本核算时选择的归集施工生产费用的目标。合理确定施工成本核算对象，是正确进行施工成本核算的前提。

一般情况下，企业应以单位工程为对象归集生产费用，计算施工成本。施工图预算是按单位工程编制的，按单位工程核算的实际成本，便于与施工预算成本比较，以便检查工程预算的执行情况，分析和考核成本节超的原因。一个企业通常要承建多个工程项目，每项工程的具体情况又各不相同，因此企业应按照与施工图预算相适应的原则，结合承包工程的具体情况，合理确定成本核算对象。

成本核算对象确定后，在成本核算过程中不得随意变更。所有原始记录都必须按照确定的成本核算对象填写清楚，以便归集和分配生产费用。

（二）施工成本核算的内容

施工成本核算是对发生的施工费用进行确认、计量，并按一定的成本核算对象进行归集和分配，计算出工程实际成本的会计工作。通过施工成本核算，反映企业的施工管理水平，企业可以由此确定施工耗费的补偿尺度，有效地控制成本支出，避免和减少不应有的浪费和损失。它是施工企业经营管理工作的重要内容，对于加强成本管理，促进增产节约，提高企业的市场竞争能力具有非常重要的作用。

从一般意义上说，成本核算是成本运行控制的一种手段。成本核算的职能不可避免地和成本的计划职能、控制职能、分析预测职能等产生有机联系，离开了成本核算，就谈不上成本管理，也谈不上其他职能的发挥，它是项目成本管理中基本的职能。强调项目的成本核算管理，实质上也就包含了施工全过程成本管理的概念。

施工成本核算包括两个基本环节：一是按照规定的成本开支范围对施工费用进行归集和分配，计算出施工费用的实际发生额；二是根据成本核算对象，采用适当的方法，计算出施工项目的总成本和单位成本。施工成本管理需要正确及时地核算施工过程中发生的各项费用，计算施工项目的实际成本。施工项目成本核算所提供的各种成本信息是成本预测、成本计划、成本控制、成本分析和成本考核等各个环节的依据。

施工成本一般以单位工程为成本核算对象，也可以按照承包工程项目的规模、工期、结构类型、施工组织和施工现场等情况，结合成本管理要求，灵活划分成本核算对象。施工成本核算的基本内容包括以下几方面：

1. 人工费核算。

2. 材料费核算。

3. 周转材料费核算。

4. 结构件费用核算。

5. 机械使用费核算。

6. 其他措施费核算。

7. 分包工程成本核算。

8. 间接费核算。

9. 项目月度施工成本报告编制。

二、施工成本核算对象的确定

成本核算对象是指在成本计算过程中，为归集和分配费用而确定的费用承担者。成本核算对象一般根据工程合同的内容、施工生产的特点、生产费用发生情况和管理上的要求确定。有的工程项目成本核算工作开展不起来，主要原因就是成本核算对象的确定与生产经营管理比较陈旧。成本核算对象划分要合理，实际工作中，往往划分过粗，把相互之间没有联系或联系不大的单项工程或单位工程合并起来作为一个成本核算对象，这样就不能反映独立施工的工程实际成本水平，从而不利于考核和分析工程成本的升降情况。当然，成本核算对象如果划分得过细，会出现许多间接费用需要分摊，从而增加核算工作量，难以做到成本准确。

1. 建筑安装工程一般以独立编制施工图预算的单位工程为成本核算对象。对于大型主体工程（如发电厂房本体），应以分部工程作为成本核算对象。

2. 对于规模大、工期长的单位工程，可以将工程划分为若干部位，以分部位的工程作为成本核算对象。

3. 同一工程项目，由同一单位施工，同一施工地点、同一结构类型、开工竣工时间相近、工程量较小的若干个单位工程可以合并作为一个成本核算对象。

三、施工成本核算的程序

1. 对所发生的费用进行审核，确定计入工程成本的费用和计入各项期间费用的数额。

2. 将应计入工程成本的各项费用区分为哪些是应当计入的工程成本，哪些应由其他月份的工程成本负担。

3. 将每个月应计入工程成本的生产费用在各个成本对象之间进行分配和归集，计算各工程成本。

4. 对未完工程进行盘点，以确定本期已完工程实际成本。

5. 将已完工程成本转入"工程结算成本"科目中。

6. 结转期间费用。

四、施工成本核算的方法

成本的核算过程，实际上也是各项成本项目的归集和分配过程。成本归集是指通过一定的会计制度以有序的方式进行成本数据的收集和汇总。成本的分配是指将归集的间接成本分配给成本对象的过程，也称为间接成本的分摊或分派。

（一）人工费的核算

劳动工资部门根据考勤表、施工任务书和承包结算书等，每月向财务部门提供"单位工程用工汇总表"，财务部门据以编制"工资分配表"，按受益对象计入成本和费用。对于采用计件工资制度的，能分清为哪个工程项目所发生的费用；对于采用计时工资制度的，计入成本的工资应按照当月工资总额和工人总的出勤工日计算的日平均工资及各工程当月实际用工数计算分配。工资附加费可以采取比例分配法。劳动保护费与工资的分配方法相同。

（二）材料费的核算

我们应根据发出材料的用途，划分工程耗用与其他耗用的界限，直接用于工程所耗用的材料才能计入成本核算对象的"材料费"成本项目。对于为组织和管理工程施工所耗用的材料及各种施工机械所耗用的材料，应分别通过"间接费用""机械作业"等科目进行归集，然后再分配到相应的成本项目中。

材料费的归集和分配方法如下：

1. 领用时能点清数量并分清领用对象的，应在有关领料凭证（领料单、限额领料单）上注明领料对象，其成本直接计入该成本核算对象。

2. 领用时虽能点清数量，但属于集中配料或统一下料的材料（如油漆、玻璃等）应在领料凭证上注明"工程集中配料"字样，月末根据耗用情况编制"集中配料耗用计算单"，据以分配计入各成本核算对象。

3. 对于领料时既不易点清数量，又难以分清耗用对象的材料，如砖、瓦、灰、沙、石等大堆材料，可根据具体情况，由材料员或施工现场保管员月末通过实地盘点倒算出本月实耗数量，编制"大堆材料耗用量计算单"，据以计入成本计算对象。

4. 对于周转使用的模板、脚手架等材料，应根据受益对象的实际在用数量和规定的摊销方法，计算当月摊销额，编制"周转材料摊销分配表"，据以计入成本核算对象。对于租用的周转材料，应按实际支付的租赁费计入成本核算对象。

5. 施工中的残次材料和包装物品等应收回利用，编制"废料交库单"估价入账，冲减工程成本。

6. 按月计算工程成本时，月末对已经办理领料手续而尚未耗用但下月份仍需要继续使用的材料，应进行盘点，办理"假退料"手续，冲减本期工程成本。

7. 对于工程竣工后的剩余材料，应填写"退料单"，据以办理材料退库手续，冲减工程成本。期末，企业应根据材料的各种领料凭证，汇总编制"材料费用分配表"，作为各工程材料费核算的依据。

需要说明：企业在购入材料过程中发生的采购费用，如果未直接计入材料成本，而是进行单独归集的（计入"采购费用"或"进货费用"等账户），在领用材料结转材料成本的同时，按比例结转应分摊的进货费用。按现行会计准则，材料的仓储保管费用不能计入材料成本，也不需要单独归集，而应该在发生的当期直接计入当期损益，即计入管理费用。

（三）周转材料费的核算

1. 周转材料实行内部租赁制，以租费的形式反映消耗情况，按"谁租用谁负担"的原则，核算项目成本。

2. 按周转材料租赁办法和租赁合同，由出租方与项目经理部按月结算租赁费。租赁费按租用的数量、时间和内部租赁单价计入项目成本。

3. 周转材料调入移出时，项目经理部必须加强计量验收制度，如有短缺、损坏，一律按原价赔偿，计入项目成本（短损数=进场数–退场数）。

4. 租用周转材料的进退场运费按实际发生数由调入项目负担。

5. 对于U形卡、脚手扣件等零件，除执行租赁制外，考虑到其比较容易散失的因素，故按规定实行定额预提摊耗，摊耗数计入项目成本，相应减少次月租赁基数及租费。单位工程竣工，必须进行盘点，盘点后的实物数与前期逐月按控制定额摊耗后的数量差，按实调整清算计入成本。

6. 实行租赁制的周转材料不再分配负担周转材料差价。

（四）机械使用费的核算

1. 机械设备实行内部租赁制，以租赁费形式反映消耗情况，按"谁租用谁负担"原则，核算项目成本。

2. 按机械设备租赁办法和租赁合同，由企业内部机械设备租赁市场与项目经理部按月结算租赁费。租赁费根据机械使用台班、停置台班和内部租赁单价计算，计入项目成本。

3. 机械进出场费按规定由承租项目负担。

4. 项目经理部租赁的各类中小型机械，其租赁费全额计入项目机械费成本。

5. 根据内部机械设备租赁运行规则要求，结算原始凭证由项目经理部指定专人签证开班和停班数，据以结算费用。现场机、电、修等操作工奖金由项目经理部考核支付，计入项目机械成本并分配到有关单位工程。

6. 向外单位租赁机械，按当月租赁费用全额计入项目机械费成本。

（五）其他直接费的核算

项目施工生产过程中实际发生的其他直接费，凡能分清受益对象的应直接计入受益成本核算对象的"工程施工-其他直接费"，与若干个成本核算对象有关的可先归集到项目经理部的"其他直接费"总账科目（自行增设），再按规定的方法分配计入有关成本核算对象的"工程施工-其他直接费"成本项目内。分配方法参照费用计算基数，以实际成本中的直接成本（不含其他直接费）扣除"三材"差价为分配依据。即人工费、材料费、周转材料费、机械使用费之和扣除高进高出价差。

1. 施工过程中的材料二次搬运费按项目经理部向劳务分公司汽车队托运包天或包月租费结算，或以汽车公司的汽车运费计算。

2. 临时设施摊销费按项目经理部搭建的临时设施总价（包括活动房）除以项目合同期求出每月应摊销额。临时设施使用一个月摊销一个月，摊完为止。项目竣工搭拆差额（盈亏）按实际调整成本计算。

3. 生产工具用具使用费。大型机动工具、用具等可以套用类似内部机械租赁办法以租费形式计入成本，也可按购置费用一次摊销法计入项目成本，并做好在用工具实物借用记录，以便反复利用。工具用具的修理费按实际发生数计入成本。

4. 除上述以外的其他直接费内容，均应按实际发生的有效结算凭证计入项目成本。

（六）施工间接费的核算

施工间接费的具体费用核算需要注意以下问题：

1. 要求以项目经理部为单位编制工资单和奖金单列支工作人员薪金。项目经理部工资总额每月必须正确核算，以此计提职工福利费、工会经费、教育经费、劳保统筹费等。

2. 劳务分公司所提供的炊事人员代办食堂承包，服务、警卫人员提供区域岗点承包服务及其他代办服务费用计入施工间接费。

3. 内部银行的存贷款利息计入"内部利息"（新增明细子目）。

4. 施工间接费先在项目"施工间接费"总账归集，再按一定的分配标准计入受益成本核算对象（单位工程）"工程施工—间接成本"。

（七）分包工程成本核算

1. 包清工程纳入"人工费—外包人工费"内核算。

2. 部位分项分包工程纳入结构件费用核算。

3. 双包工程，指将整幢建筑物以包工包料的形式分包给外单位施工的工程。根据承包合同取费情况和发包（双包）合同支付情况，即上下合同差，测定目标盈利率。月度结算时，以双包工程已完工程价款作为收入，应付双包单位工程款作为支出，适当负担施工间接费，预结降低额。为稳妥起见，拟控制在目标盈利率的50%以内，也可在月结成本时做收支持平，竣工结算时，再按实调整实际成本，反映利润。

4. 机械作业分包工程，指利用分包单位专业化的施工优势，将打桩、吊装、大型土方、深基础等施工项目分包给专业单位施工的形式。

对机械作业分包产值统计的范围是，只统计分包费用，而不包括物耗价值。机械作业分包实际成本与此对应，包括分包结账单内除以工期费之外的全部工程费。

同双包工程一样，总分包企业合同差，包括总包单位管理费、分包单位让利收益等，在月结成本时，可先预结一部分，或月结时做收支持平处理，到竣工结算时，再做项目效益反映。

5. 上述双包工程和机械作业分包工程由于收入和支出比较容易辨认（计算），所以项目经理部对这两项分包工程采用竣工点交办法，即月度不结盈亏。

五、施工成本分析的依据

施工成本分析，一方面根据会计核算、业务核算和统计核算提供的资料，对施工成本的形成过程和影响成本升降的因素进行分析，寻求进一步降低成本的途径；另一方面通过对成本的分析，可以从账簿、报表反映的成本现象看清成本的实质，增强项目成本的透明度和可控性，为加强成本控制，实现项目成本目标创造条件。

（一）会计核算

会计核算主要是价值核算。会计是对一定单位的经济业务进行计量、记录、分析和检查，做出预测，参与决策，实行监督，旨在实现最优经济效益的一种管理活动。它通过设置账户、复式记账、填制和审核凭证、登记账簿、成本计算、财产清查和编制会计报表等一系列有组织、有系统的方法，记录企业的一切生产经营活动，据以提出用货币反映有关各种综合性经济指标的数据。

（二）业务核算

业务核算是各业务部门根据业务工作的需要而建立的核算制度，包括原始记录和计算登记表。业务核算的范围比会计、统计核算的范围广，会计和统计核算一般是对已经发生的经济活动进行核算，业务核算不但对已经发生的，而且对尚未发生或正在发生的经济活动进行核算，以确定是否可以做，是否有经济效果。

（三）统计核算

统计核算是利用会计核算资料和业务核算资料，把企业生产经营活动客观现状的大量数据按统计方法加以系统整理，表明其规律性。

六、施工成本分析的方法

（一）成本分析的基本方法

1. 比较法

比较法又称"指标对比分析法"，是通过技术经济指标的对比，检查目标的完成情况，分析产生差异的原因，挖掘内部潜力的方法，通常有以下形式：

（1）实际指标与目标指标对比。依次检查目标完成的情况，分析影响目标完成的积极因素和消极因素，及时采取措施，保证成本目标的实现。在进行实际指标与目标指标对比时，应注意目标本身有无问题。如果目标本身出现问题，则应调整目标，重新正确评价实际工作的成绩。

（2）本期实际指标与上期实际指标对比。通过本期实际指标与上期实际指标对比，查看各项技术经济指标的变动情况，反映施工管理水平的提高程度。

（3）与本行业平均水平、先进水平对比。通过对比，反映本项目的技术管理和经济管理与行业的平均水平和先进水平的差距，进而采取措施赶超先进水平。

2. 因素分析法

因素分析法，又称为连锁置换法或连环替代法。因素分析法是将某一综合性指标分解为各个相互关联的因素，通过测定这些因素对综合性指标差异额的影响程度，分析评价计划指标执行情况的方法。成本分析中采用因素分析法，是将构成成本的各种因素进行分解，测定各个因素变动对成本计划完成情况的影响程度，据此对企业的成本计划执行情况进行评价，并提出进一步的改进措施。在进行分析时，首先要假定若干因素中的一个因素发生了变化，其他因素则不变，然后逐个替换，并分别比较其计算结果，确定各个因素变化对成本的影响程度。因素分析法的计算步骤如下：

（1）将分析的某项经济指标分解为若干个因素的乘积。分解时，应注意经济指标的组成因素应能够反映形成该项指标差异的内在构成原因；否则，计算的结果就不准确。如材料费用指标可分解为产品产量、单位消耗量与单价的乘积，但不能分解为生产该产品的天数、每天用料量与产品产量的乘积。因为这种构成方式不能全面反映产品材料费用的构成情况。

（2）计算经济指标的实际数与基期数（如计划数、上期数等），形成了两个指标体系，这两个指标的差额，即实际指标减基期指标的差额，就是所要分析的对象。各因素变动对所要分析的经济指标完成情况影响合计数，应与该分析对象相等。

（3）确定各因素的替代顺序。确定经济指标因素的组成时，其先后顺序就是分析时的替代顺序。在确定替代顺序时，应从各个因素相互依存的关系出发，使分析的结果有助于分清经济责任。替代的顺序是：先替代数量指标，后替代质量指标；先替代实物量指标，后替代货币量指标；先替代主要指标，后替代次要指标。

（4）计算替代指标。其方法是以基期数为基础，用实际指标体系中的各个因素逐步顺序地替换每次用实际数替换基数指标中的一个因素，计算出一个指标。每次替换后，实际数保留下来，有几个因素就替换几次，就可以得出几个指标。在替换时要注意替换顺序，应采取连环的方式，不能间断；否则，计算出来的各因素的影响程度之和就不能与经济指标实际数与基期数的差异额（分析对象）相等。

（5）计算各因素变动对经济指标的影响程度。将每次替代所得到的结果与这一因素替代前的结果进行比较，差额就是这一因素变动对经济指标的影响程度。

（6）将各因素变动对经济指标影响程度的数额相加，应与该项经济指标实际数与基期数的差额（分析对象）相等。

3. 差额计算法

差额计算法是因素分析法的一种简化形式，利用各个因素的目标值与实际值的差额计算其对成本的影响程度。

差额=计划值-实际值

4. 比率法

比率法是指用两个以上的指标比率进行分析的方法。常用的比率法有以下三种：

（1）相关比率法

由于项目经济活动的各方面是互相联系、互相依存、互相影响的，因而将两个性质不同又相关的指标加以对比，求出比率，以此考查经营成果的好坏。例如产值和工资是两个不同的概念，但它们的关系又是投入与产出的关系。一般情况下，都希望以最少的人工费支出完成最大的产值。因此，施工成本分析中，用产值工资率指标考核人工费的支出水平，常用相关比率法。

（2）构成比率法

构成比率法又称为比重分析法或结构对比分析法。通过构成比率，考察成本总量的构成情况及各成本项目占成本总量的比重，也可看出量、本、利的比例关系（预算成本、实际成本和降低成本的比例关系），从而为寻求降低成本的途径指明方向。

（3）动态比率法

动态比率法就是将同类指标不同时期的数值进行对比分析，求出比率，分析该项指标的发展方向和发展速度。动态比率的计算通常采用基期指数和环比指数两种方法。

（二）综合成本的分析方法

综合成本是指涉及多种生产要素，并受多种因素影响的成本费用，如分部分项工程成本、月度成本、季度成本、年度成本等。这些成本都是随着项目施工的进展而逐步形成的，与生产经营有着密切的关系。因此，做好上述成本的分析工作，将有利于促进项目的生产经营管理，提高项目的经济效益。

1. 分部分项工程成本分析

分部分项工程成本分析是施工项目成本分析的基础。分部分项工程成本分析的对象是已完成的分部分项工程。分析的方法是进行预算成本、计划成本和实际成本的"三个成本"对比，分别计算实际偏差和目标偏差，分析偏差产生的原因，为今后的分部分项工程成本寻求节约途径。

分部分项工程成本分析的资料来源是：预算成本来自施工图预算，计划成本来自施工预算，实际成本来自施工任务单的实际工程量、实耗人工和限额领料单的实耗材料。

由于施工项目包括很多分部分项工程，不可能也没有必要对每一个分部分项工程都进行成本分析。例如，一些工程量小、成本费用微不足道的零星工程。但是对于那些主要分部分项工程，必须进行成本分析，而且要做到从开工到竣工进行系统的成本分析。通过主要分部分项工程成本的系统分析，了解项目成本形成的全过程，为竣工成本分析和今后的项目成本管理提供一份宝贵的参考资料。

2. 月（季）度成本分析

月（季）度的成本分析是施工项目定期的、经常性的中间成本分析。对具有一次性特点的施工项目来说，有着特别重要的意义。通过月（季）度成本分析，及时发现问题，以便按照成本目标指示的方向进行监督和控制，保证项目成本目标的实现。月（季）度成本分析的依据是当月（季）的成本报表。分析的方法通常有以下六方面：

（1）通过对实际成本与预算成本的对比，分析当月（季）的成本降低水平；通过对累计实际成本与累计预算成本的对比，分析累计的成本降低水平，预测实现项目成本目标的前景。

（2）通过，实际成本与计划成本的对比，分析计划成本的落实情况，以及目标管理中的问题和不足，进而采取措施，加强成本管理，保证计划成本的落实。

（3）通过对各成本项目的成本分析，了解成本总量的构成比例和成本管理的薄弱环节。例如在成本分析中，发现人工费、机械费和间接费等项目大幅度超支，就应该对这些费用的收支配比关系认真研究，采取对应的增收节支措施，防止再超支。如果是属于预算定额规定的"政策性"亏损，则应从控制支出着手，把超支额压缩到最低限度。

（4）通过主要技术经济指标的实际与计划的对比，分析产量、工期、质量、"三材"节约率、机械利用率等对成本的影响。

（5）通过对技术组织措施执行效果的分析，寻求更加有效的节约途径。

（6）分析其他有利条件和不利条件对成本的影响。

3. 年度成本分析

企业成本要求一年结算一次，不得将本年成本转入下一年度。而项目成本则以项目的寿命周期为结算期，要求从开工、竣工到保修期结束连续计算，最后计算出成本总量及盈亏。由于项目的施工周期一般比较长,除要进行月(季)度成本的核算和分析外,还要进行年度成本的核算和分析,这是满足企业汇编年度成本报表的需要,也是项目成本管理的需要。通过年度成本的综合分析,总结一年来成本管理的成绩和不足,为今后的成本管理提供经验和教训,从而对项目成本进行更有效的管理。

年度成本分析的依据是年度成本报表。年度成本分析的内容,除月(季)度成本分析的六方面以外,重点是针对下一年度的施工进展情况规划切实可行的成本管理措施,保证施工项目成本目标的实现。

4. 竣工成本的综合分析

凡是有几个单位工程而且是单独进行成本核算(成本核算对象)的施工项目,其竣工成本分析应以各单位工程竣工成本分析资料为基础,再加上项目经理部的经营效益(如资金调度、对外分包等所产生的效益)进行综合分析。如果施工项目只有一个成本核算对象(单位工程),应以该成本核算对象的竣工成本资料作为成本分析的依据。

单位工程竣工成本分析应包括以下三方面内容:

(1)竣工成本分析。

(2)主要资源节超对比分析。

(3)主要技术节约措施及经济效益分析。

通过以上分析,可以让我们全面了解单位工程的成本构成和降低成本的来源,对今后同类工程的成本管理具有参考价值。

第四章　建筑工程项目进度管理

第一节　建筑工程项目进度计划的编制

一、建筑工程项目进度计划的分类

（一）按项目范围（编制对象）划分

1. 施工总进度计划

施工总进度计划是以整个建设项目为对象来编制的，它确定各单项工程的施工顺序和开、竣工时间及相互衔接关系。施工总进度计划属于概略的控制性进度计划，综合平衡各施工阶段的工程量和投资分配。其内容如下。

（1）编制说明，包括编制依据、步骤和内容。

（2）进度总计划表，可以采用横道图或者网络图形式。

（3）分期分批施工工程的开、竣工日期，工期一览表。

（4）资源供应平衡表，即为满足进度控制而需要的资源供应计划。

2. 单位工程施工进度计划

单位工程施工进度计划是对单位工程中的各分部分项工程的计划安排，并以此为依据确定施工作业所必需的劳动力和各种技术物资供应计划。其内容如下。

（1）编制说明，包括编制依据、步骤和内容。

（2）单位工程进度计划表。

（3）单位工程施工进度计划的风险分析及控制措施，包括由于不可预见的因素（如不可抗力、工程变更等）致使计划无法按时完成时而采取的措施。

3. 分部分项工程进度计划

分部分项工程进度计划是针对项目中某一部分或某一专业工种的计划安排。

（二）按项目参与方划分

按照项目参与方划分，可分为业主方进度计划、设计方进度计划、施工方进度计划、供货方进度计划、建设项目总承包方进度计划。

（三）按时间划分

按照时间划分，可分为年度进度计划、季度进度计划及月、旬作业计划。

（四）按计划表达形式划分

按照计划表达形式划分，可分为文字说明计划、图表形式计划（横道图、网络图）。

二、建设工程项目进度计划的编制步骤

建筑工程项目进度计划系统是由多个相互关联的进度计划组成的系统，它是项目进度控制的依据。由于各种进度计划编制所需要的必要资料是在项目进展过程中逐步形成的，因此，项目进度计划系统的建立和完善也有一个过程，它是逐步形成的。根据项目进度计划不同的需要和不同的用途，各参与方可以构建多个不同的建筑工程项目进度计划系统。其内容如下。

1. 不同计划深度的进度计划组成的计划系统（施工总进度计划、单位工程施工进度计划）。

2. 不同计划功能的进度计划组成的计划系统（控制性、指导性、实施性进度计划）。

3. 不同项目参与方的进度计划组成的计划系统（业主方、设计方、施工方、供货方进度计划）。

4. 不同计划周期的进度计划组成的计划系统（年度进度计划、季度进度计划及月、旬作业计划）。

（一）施工总进度计划的编制步骤

1. 收集编制依据

（1）工程项目承包合同及招标投标书（工程项目承包合同中的施工组织设计、合同工期、开竣工日期及工期提前或延误调整约定、工程材料、设备订货合同、设备供货合同等）。

（2）工程项目全部设计施工图纸及变更洽商（建设项目的扩大初步设计、技术设计、施工图设计、设计说明书、建筑总平面图及变更洽商等）。

（3）工程项目所在地区位置的自然条件和技术经济条件（施工地质、环境、交通、水电条件等，建筑施工企业的人力、设备、技术和管理水平等）。

（4）施工部署及主要工程施工方案（施工顺序、流水段划分等）。

（5）工程项目需要的主要资源（劳动力状况、机具设备能力、物资供应来源条件等）。

（6）建设方及上级主管部门对施工的要求。

（7）现行规范、规程及有关技术规定（国家现行的施工及验收规范、操作规程、技术规定和技术经济指标）。

（8）其他资料（如类似工程的进度计划）。

2. 确定进度控制目标

根据施工合同确定单位工程的先后施工顺序，确定作为进度控制目标的工期。

3. 计算工程量

根据批准的工程项目一览表，按单位工程分别计算各主要项目的实物工程量。工程量的计算可以按照初步设计图纸和有关定额手册或资料进行。

4. 确定各单位工程施工工期

各单位工程的施工期限应根据合同工期确定。影响单位工程施工工期的因素很多，比如，建筑类型、结构特征和工程规模，施工方法、施工技术和施工管理水平，劳动力和材料供应情况，以及施工现场的地形、地质条件等。各单位工程的工期应根据现场具体条件，综合考虑上述影响因素后予以确定。

5. 确定各单位工程搭接关系

（1）同一时期施工的项目不宜过多，以避免人力、物力过于分散。

（2）尽量做到均衡施工，以使劳动力、施工机械和主要材料的供应在整个工期范围内达到均衡。

（3）尽量提前建设可供工程施工使用的永久性工程，以节省临时施工费用。

（4）对于某些技术复杂、施工工期较长、施工困难较大的工程，应安排提前施工，以利于整个工程项目按期交付使用。

（5）施工顺序必须与主要生产系统投入生产的先后次序相吻合，同时还要安排好配套工程的施工时间，以保证建成的工程能迅速投入生产或交付使用。

（6）应注意季节对施工顺序的影响，使施工季节不影响工程工期，不影响工程质量。

（7）注意主要工种和主要施工机械能连续施工。

6. 编制施工总进度计划

首先，根据各施工项目的工期与搭接时间，以工程量大、工期长的单位工程为主导，编制初步施工总进度计划；其次，按照流水施工与综合平衡的要求，检查总工期是否符合要求，资源使用是否均衡且供应是否能得到满足，调整进度计划；最后，编制正式的施工总进度计划。

（二）单位工程施工进度计划的编制步骤

单位工程施工进度计划是施工单位在既定施工方案的基础上，根据规定的工期和各种资源供应条件，对单位工程中的各分部分项工程的施工顺序、施工起止时间及衔接关系进行合理安排。

1. 确定对单位工程施工进度计划的要求

研究施工图、施工组织设计、施工总进度计划，调查施工条件，以确定对单位工程施工进度计划的要求。

2. 划分施工过程

任何项目都是由许多施工过程组成的，施工过程是施工进度计划的基本组成单元。在编制单位工程施工进度计划时，应按照图纸和施工顺序将拟建工程的各个施工过程列出，并结合施工方法、施工条件、劳动组织等因素，加以适当调整。施工过程划分应考虑以下因素：

（1）施工进度计划的性质和作用。一般来说，对规模大、工程复杂、工期长的建筑工程，编制控制性施工进度计划，施工过程划分可粗一些，综合性可大一些，一般可按分部工程划分施工过程。如开工前准备、打桩工程、基础工程、主体结构工程等。

对中小型建筑工程以及工期不长的工程，编制实施性计划，其施工过程划分可细一些、具体一些，要求把每个分部工程所包括的主要分项工程均一一列出，起到指导施工的作用。

（2）施工方案及工程结构。不同的结构体系，其施工过程划分及其内容也各不相同。

（3）结构性质及劳动组织。施工过程的划分与施工班组的组织形式有关。如玻璃与油漆的施工，如果是单一工种组成的施工班组，可以划分为玻璃、油漆两个施工过程，同时为阻止流水施工的方便或需要，也可合并成一个施工过程，这时施工班组是由多工种混合的混合班组。

（4）对施工过程进行适当合并，达到简明清晰。将一些次要的、穿插性的施工过程合并到主要施工过程中去；将一些虽然重要但是工程量不大的施工过程与相邻的施工过程合并；将同一时期由同一工种施工的施工项目合并在一起；将一些关系比较密切、不容易分出先后的施工过程进行合并。

（5）设备安装应单独列项。民用建筑的水、暖、煤、卫、电等房屋设备安装是建筑工程的重要组成部分，应单独列项；工业厂房的各种机电等设备安装也要单独列项。

（6）明确施工过程对施工进度的影响程度。有些施工过程直接在拟建工程上进行作业，占用时间、资源，对工程的完成与否起着决定性的作用。它在条件允许的情况下，可以缩短或延长工期。这类施工过程必须列入施工进度计划，如砌筑、安装、混凝土的养护等。另外，有些施工过程不占用拟建工程的工作面，虽需要一定的时间和消耗一定的资源，但不占用工期，所以不列入施工进度计划，如构件制作和运输等。

3. 编排合理的施工顺序

施工顺序一般按照所选的施工方法和施工机械的要求来确定。设计施工顺序时，必须根据工程的特点、技术上和组织上的要求及施工方案等进行研究。

4. 计算各施工过程的工程量

施工过程确定之后，应根据施工图纸、有关工程量计算规则及相应的施工方法，分别计算各个施工过程的工程量。

5. 确定劳动量和机械需要量及持续时间

根据计算的工程量和实际采用的施工定额水平，即可进行劳动量和机械台班量的计算。

6. 编制施工进度计划

编制施工进度计划可使用网络计划图，也可使用横道计划图。施工进度计划初步方案编制后，应检查各施工过程之间的施工顺序是否合理、工期是否满足要求、劳动力等资源需要量是否均衡，然后进行调整，正式形成施工进度计划。

7. 编制劳动力和物资计划

有了施工进度计划后，还需要编制劳动力和物资需要量计划，附于施工进度计划之后。

三、建筑工程进度计划的表示方法

建筑工程进度计划的表示方法有多种，常用的有横道图和网络图两类。

（一）横道图

横道图进度计划法（简称横道计划）是传统的进度计划方法。横道图是按时间坐标绘出的，横向线条表示工程各工序的施工起止时间先后顺序，整个计划由一系列横道线组成。横道图计划表中的进度线（横道）与时间坐标相对应，形象、简单、易懂，在相对简单、短期的项目中，横道图都得到了最广泛的运用。

横道图进度计划法的优点是：比较容易编辑，简单、明了、直观、易懂；结合时间坐标，各项工作的起止时间、作业时间、工作进度、总工期都能一目了然；流水情况表示得很清楚。

但是作为一种计划管理的工具，横道图有它的不足之处。首先，不容易看出工作之间的相互依赖、相互制约的关系；其次，反映不出哪些工作决定总工期，更看不出各工作分别有无伸缩余地（机动时间），有多大的伸缩余地；再次，由于它不是一个数学模型，不能实现定量分析，无法分析工作之间相互制约的数量关系；最后，横道图不能在执行情况偏离原定计划时，迅速而简单地进行调整和控制，更无法实行多方案的优选。

横道图的编制程序如下。

1. 将构成整个工程的全部分项工程纵向排列填入表中。

2. 横轴表示可能利用的工期。

3. 分别计算所有分项工程施工所需要的时间。

4. 如果在工期内能完成整个工程，则将第 3 项所计算出来的各分项工程所需工期安排在图表上，编排出日程表。这个日程的分配是为在预定的工期内完成整个工程，对各分项工程的所需时间和施工日期进行试算分配。

（二）网络图

与横道图相反，网络图计划方法（简称网络计划）能明确地反映出工程各组成工序之间的相互制约和依赖关系，可以用它进行时间分析，确定出哪些工序是影响工期的关键工序，以便施工管理人员集中精力抓施工中的主要矛盾，减少盲目性。而且它是一个定义明确的数学模型，可以建立各种调整优化方法，并可利用电子计算机进行分析计算。

在实际施工过程中，应注意横道计划和网络计划的结合使用。即在应用电子计算机编制施工进度计划时，先用网络方法进行时间分析，确定关键工序，进行调整优化，然后输出相应的横道计划用于指导现场施工。

1. 网络计划的编制程序

在项目施工中用来指导施工、控制进度的施工进度网络计划，就是经过适当优化的施工网络。其编制程序如下：

（1）调查研究

就是了解和分析工程任务的构成和施工的客观条件，掌握编制进度计划所需的各种资料，特别要对施工图进行透彻研究，并尽可能地对施工中可能发生的问题做出预测，思考解决问题的对策等。

（2）确定方案

主要是指确定项目施工总体部署，划分施工阶段，制定施工方法，明确工艺流程，决定施工顺序等。这些一般都是施工组织设计中施工方案说明中的内容，且施工方案说明一般应在施工进度计划之前完成，故可直接从有关文件中获得。

（3）划分工序

根据工程内容和施工方案，将工程任务划分为若干道工序。一个项目划分为多少道工序，由项目的规模和复杂程度，以及计划管理的需要来决定，只要能满足工作需要就可以，不必过分细化。大体上要求每一道工序都有明确的任务内容，有一定的实物工程量和形象进度目标，能够满足指导施工作业的需要，完成与否有明确的判别标志。

（4）估算时间

即估算完成每道工序所需要的工作时间，也就是每项工作的延续时间，这是对计划进行定量分析的基础。

（5）编工序表

将项目的所有工序依次列成表格，编排序号，以便于查对是否遗漏或重复，并分析相互之间的逻辑制约关系。

（6）画网络图

根据工序表画出网络图。工序表中所列出的工序逻辑关系既包括工艺逻辑，也包含由施工组织方法决定的组织逻辑。

（7）画时标网络图

给上面的网络图加上时间横坐标，这时的网络图就叫作时标网络图。在时标网络图中，表示工序的箭线长度受时间坐标的限制，一道工序的箭线长度在时间坐标轴上的水平投影长度就是该工序延续时间的长短；工序的时差用波形线表示；虚工序延续时间为零，因而虚箭线在时间坐标轴上的投影长度也为零；虚工序的时差也用波形线表示。这种时标网络可以按工序的最早开工时间来画，也可以按工序的最迟开工时间来画，在实际应用中多是前者。

（8）画资源曲线

根据时标网络图可画出施工主要资源的计划用量曲线。

（9）可行性判断

主要是判别资源的计划用量是否超过实际可能的投入量。如果超过，这个计划是不可行的，要进行调整——无非是要将施工高峰错开，削减资源用量高峰，或者改变施工方法，减少资源用量。这时就要增加或改变某些组织逻辑关系，重新绘制时间坐标网络图。如果资源计划用量不超过实际拥有量，那么这个计划是可行的。

（10）优化程度判别

可行的计划不一定是最优的计划。计划的优化是提高经济效益的关键步骤。所以要判别计划是否最优，如果不是，就要进一步优化；如果计划的优化程度已经可以令人满意（往往不一定是最优），即可得到可以用来指导施工、控制进度的施工网络图。

大多数的工序都有确定的实物工程量，可按工序的工程量，并根据投入资源的多少及该工序的定额计算出作业时间。若该工序无定额可查，则可组织有关管理干部、技术人员、操作工人等，根据有关条件和经验，对完成该工序所需时间进行估计。

网络计划技术作为现代管理的方法与传统的计划管理方法相比较，具有明显的优点，主要表现在以下几方面：

一是利用网络图模型，明确表达各项工作的逻辑关系，即全面而明确地反映出各项工作之间的相互依赖、相互制约的关系。

二是通过网络图时间参数计算，确定关键工作和关键线路，便于在施工中集中力量抓住主要矛盾，确保竣工工期，避免盲目施工。

三是显示出机动时间，能从网络计划中预见其对后续工作及总工期的影响程度，便于采取措施进行资源合理分配。

四是能够利用计算机绘图、计算和跟踪管理，方便网络计划的调整与控制。

五是便于优化和调整，加强管理，取得好、快、省的全面效果。

编制工程网络计划应符合现行国家标准《网络计划技术》以及行业标准《工程网络计划技术规程》的规定。我国《工程网络计划技术规程》中推荐的常用的工程网络计划类型如下。

①双代号网络计划。

②单代号网络计划。

③双代号对标网络计划。

④单代号搭接网络计划。

下面以双代号网络图为例说明利用网络图表示进度计划的方法。

2. 双代号网络图的组成

双代号网络图由箭线、节点和线路组成，用来表示工作流程的有向、有序网状图形。

一个网络图表示一项计划任务。双代号网络图用两个圆圈和一个箭杆表示一道工序，工序内容写在箭杆上面，作业时间写在箭杆下面，箭尾表示工序的开始，箭头表示结束，圆圈表示先后两道工序之间的连接，在网络图中叫作节点。节点可以填入工序开始和结束时间，也可以表示代号。

（1）箭线

一条箭线表示一项工作，如砌墙、抹灰等。工作所包括的范围可大可小，既可以是一道工序，也可以是一个分项工程或一个分部工程，甚至是一个单位工程。在无时标的网络图中，箭线的长短并不反映该工作占用时间的长短。箭线的方向表示工作进行的方向和前进的路线，箭线的尾端表示该项工作的开始，箭头端则表示该项工作的结束。箭线可以画成直线、斜线或折线，虚箭线可以起到联系和断路的作用。指向某个节点的箭线称为该节点的内向箭线，从某节点引出的箭线称为该节点的外向箭线。

（2）节点

节点代表一项工作的开始或结束。除起点节点和终点节点外，任何中间节点既是前面工作的结束节点，也是后面工作的开始节点。节点是前后两项工作的交接点，它既不消耗时间，也不消耗资源。在双代号网络图中，一项工作可以用其箭线两端节点内的号码来表示。对一项工作来说，其箭头节点的编号应大于箭尾节点的编号，即顺着箭头方向由小到大。

（3）线路

在网络图中，从起点节点开始，沿箭头方向顺序通过一系列箭线与节点，最后到达终点节点的通路称为线路。

线路上所有工作的持续时间总和称为该线路的总持续时间。总持续时间最长的线路称为关键线路，关键线路的长度就是网络计划的总工期，关键线路上的工作称为关键工作。关键工作的实际进度是建筑工程进度控制工作中的重点。在网络计划中，关键线路可能不止一条。而且在网络计划执行的过程中，关键线路还会发生转移。

3. 双代号网络图绘制的基本原则

网络图的绘制是网络计划方法应用的关键。要正确绘制网络图，必须正确反映各项工作之间的逻辑关系，遵守绘图的基本规则。各工作间的逻辑关系，既包括客观上由工艺所决定的工作上的先后顺序关系，也包括施工组织所要求的工作之间相互制约、相互依赖的关系。逻辑关系表达得是否正确，是网络图能否反映工程实际情况的关键，而且逻辑关系搞错，图中各项工作参数的计算及关键线路和工程工期都将随之发生错误。

（1）逻辑关系

逻辑关系是指项目中所含工作之间的先后顺序关系，就是要确定各项工作之间的顺序关系，具体包括工艺关系和组织关系。

①工艺关系：生产性工作之间由工艺过程决定的、非生产性工作之间由工作程序决定的先后顺序关系称为工艺关系。

②组织关系：工作之间由于组织安排需要或资源（劳动力、原材料、施工机具等）调配需要而规定的先后顺序关系称为组织关系。

在绘制网络图时，应特别注意虚箭线的使用。在某些情况下，只有借助虚箭线才能正确表达工作之间的逻辑关系。

（2）绘图规则

①网络图中严禁出现从一个节点出发，顺箭头方向又回到原出发点的循环回路。如果出现循环回路，会造成逻辑关系混乱，使工作无法按顺序进行。当然，此时节点编号也发生错误。网络图中的箭线（包括虚箭线，以下同）应保持自左向右的方向，不应出现箭头指向左方的水平箭线和箭头偏向左方的斜向箭线。若遵循该规则绘制网络图，就不会出现循环回路。

②网络图中严禁出现双向箭头和无箭头的连线。因为工作进行的方向不明确，而不能达到网络图有向的要求。

③网络图中严禁出现没有箭尾节点的箭线和没有箭头节点的箭线。

④严禁在箭线上引入或引出箭线。

⑤应尽量避免网络图中工作箭线的交叉。当交叉不可避免时，可以采用过桥法处理。

⑥网络图中应只有一个起点节点和一个终点节点。

⑦当网络图的起点节点有多条箭线引出（外向箭线）或终点节点有多条箭线引入（内向箭线）时，为使图形简洁，可用母线法绘图。

⑧对平行搭接进行的工作，在双代号网络图中，应分段表达。

⑨网络图应条理清楚，布局合理。在正式绘图以前，应先绘出草图，再做调整，在调整过程中要做到突出重点工作，即尽量把关键线路安排在中心醒目的位置，把联系紧密的工作尽量安排在一起，使整个网络条理清楚，布局合理。

（3）绘图步骤

①当已知每一项工作的紧前工作时，可按下述步骤绘制双代号网络图：

第一，绘制没有紧前工作的工作箭线，使它们具有相同的开始节点。

第二，从左至右依次绘制其他工作箭线。

②绘图应按下列原则进行。

第一，当所要绘制的工作只有一项紧前工作时，则将该工作箭线直接画在其紧前工作箭线之后即可。

第二，当所要绘制的工作有多项紧前工作时，应按不同情况分别予以考虑。

对于所要绘制的工作，若在其紧前工作之中存在一项只作为该工作紧前工作的工作，则应将该工作箭线直接画在其紧前工作箭线之后，然后用虚箭线将其他紧前工作的箭头节点与该工作箭线的箭尾节点分别相连。

对于所要绘制的工作，若在其紧前工作之中存在多项作为该工作紧前工作的工作，应先将这些紧前工作的箭头节点合并，再从合并的阶段后画出该工作箭线，最后用虚箭线将其他紧前工作的箭头节点与该工作箭线的箭尾节点分别相连。

对于所要绘制的工作，若不存在上述两种情况时，应判断该工作的所有紧前工作是否都同时作为其他工作的紧前工作。如果上述条件成立，应先将这些紧前工作箭线的箭头节点合并后，再从合并的节点开始画出该工作箭线。

对于所要绘制的工作，若不存在前述情况时，应将该工作箭线单独画在其紧前工作箭线之后的中部，然后用虚箭线将其紧前工作箭线的箭头节点与该工作箭线的箭尾节点分别相连。

当各项工作箭线都绘制出来之后，应合并那些没有今后工作之工作箭线的箭头节点，以保证网络图只有一个终点节点。

当确认所绘制的网络图正确后，即可进行节点编号。

当已知每一项工作的紧后工作时，绘制方法类似，只是其绘图的顺序由上述的从左向右改为从右向左。

4. 双代号对标网络计划

双代号时标网络计划是以时间坐标为尺度编制的网络计划，在时标网络计划中应以实箭线表示工作，以虚箭线表示虚工作，以波形线表示工作的自由时差。

时标网络计划既具有网络计划的优点，又具有横道计划直观易懂的优点，它将网络计划的时间参数直观地表达出来。

（1）双代号时标网络计划的特点：双代号时标网络计划是以水平时间坐标为尺度编制的双代号网络计划，其主要特点如下。

①时标网络计划兼有网络计划与横道计划的优点，它能够清楚地表明计划的时间进程，使用方便。

②时标网络计划能在图上直接显示出各项工作的开始与完成时间、工作的自由时差及关键线路。

③在时标网络计划中可以统计每一个单位时间对资源的需要量，以便进行资源优化和调整。

④由于前线受到时间坐标的限制，当情况发生变化时，对网络计划的修改比较麻烦，往往要重新绘图。

（2）双代号对标网络计划的一般规定如下。

①双代号时标网络计划必须以水平时间坐标为尺度表示工作时间。时标的时间单位应根据需要在编制网络计划之前确定，可为时、天、周、月或季。

②时标网络计划中所有符号在时间坐标上的水平投影位置都必须与其时间参数相对应。节点中心必须对准相应的时标位置。

③时标网络计划中虚工作必须以垂直方向的虚箭线表示，有自由时差时加波

形线表示。

（3）时标网络计划的编制方法：时标网络计划宜按各个工作的最早开始时间编制。

在编制时标网络计划之前，应先按已经确定的时间单位绘制时标网络计划表。时间坐标可以标注在时标网络计划表的顶部或底部，也可以在时标网络计划表的顶部和底部同时标注时间坐标。

编制时标网络计划应先绘制无时标的网络计划草图，然后按间接绘制法或直接绘制法进行。

①间接绘制法。间接绘制法是指先根据无时标的网络计划草图计算其时间参数，并确定关键线路，然后在时标网络计划表中进行绘制。其绘制步骤如下。

第一，根据项目工作列表绘制双代号网络图。

第二，计算节点时间参数（或工作最早时间参数）。

第三，绘制时标计划。

第四，将每项工作的箭尾节点按节点最早时间定位于时标计划表上，其布局与非时间网络基本相同。

第五，按各工作的时间长度绘制相应工作的实箭线部分，使其在时间坐标上的水平投影长度等于工作的持续时间，用虚线绘制虚工作。

第六，用波形线将实箭线部分与其今后工作的开始节点连接起来，以表示工作的自由时差。

第七，进行节点编号。

②直接绘制法。直接绘制法是指不计算时间参数而直接按无时标的网络计划草图绘制时标网络计划。其绘制步骤如下。

第一，将网络计划的起点节点定位在时标网络计划表的起始刻度线上。

第二，按工作的持续时间绘制以网络计划起点节点为开始节点的工作箭线。

第三，除网络计划的起点节点外，其他节点必须在所有以该节点为完成节点的工作箭线均绘出后，定位在这些工作箭线中最迟的箭线末端。当某些工作箭线的长度不足以到达该节点时，须用波形线补足，箭头画在与该节点的连接处。

第四，当某个节点的位置确定之后，即可绘制以该节点为开始节点的工作箭线。

第五，利用上述方法从左至右依次确定其他各个节点的位置，直至绘出网络计划的终点节点。

特别注意：处理好虚箭线。应将虚箭线与实箭线等同看待，只是其对应工作的持续时间为零，尽管它本身没有持续时间，但可能存在波形线，其垂直部分仍应画为虚线。

四、计算机辅助建设项目进度控制

国外有很多用于进度计划编制的商品软件，自 20 世纪 70 年代末期和 80 年代初期开始，我国也开始研制进度计划编制的软件，这些软件都是在网络计划原理的基础上开发的。应用这些软件可以实现计算机辅助建设项目进度计划的编制和调整，以确定网络计划的时间参数。

（一）计算机辅助建设项目网络计划编制的意义

1. 解决网络计划计算量大，而手工计算难以承担的困难。

2. 确保网络计划计算的准确性。

3. 有利于及时调整网络计划。

4. 有利于编制资源需求计划等。

（二）常用的施工进度计划横道图网络图编制软件

1. Excel 施工进度计划自动生成表格

编写较方便，适用于比较简单的工程项目。

2. PKPM 网络计划/项目管理软件

可完成网络进度计划、资源需求计划的编制及进度、成本的动态跟踪、对比分析；自动生成带有工程量和资源分配的施工工序，自动计算关键线路；提供多种优化、流水作业方案及里程碑和前锋线功能；自动实现横道图、单代号图、双代号图转换等功能。

3. Microsoft Project

Microsoft Project 是一种功能强大而灵活的项目管理工具，可以用于控制简单或复杂的项目。特别是对于建筑工程项目管理的进度计划管理，它在创建项目并开始工作后，可以跟踪实际的开始和完成日期、实际完成的任务百分比和实际工时；跟踪实际进度可显示所做的更改影响其他任务的方式，从而最终影响项目的完成日期；跟踪项目中每个资源完成的工时，然后可以比较计划工时量和实际工时量；查找过度分配的资源及其任务分配，减少资源工时，将工作重新分配给其他资源。

第二节　建筑工程项目进度计划的实施与控制

一、建筑工程项目进度计划的实施

实施施工进度计划应逐级落实年、季、月、旬、周施工进度计划，最终通过施工任务书由班组实施，记录现场的实际情况及调整、控制进度计划。

（一）编制年、月施工进度计划和施工任务书

1. 年（季）度施工进度计划

大型施工项目的施工，工期往往是几年。这就需要编制年（季）度施工进度计划，以实现施工总进度计划。该计划可采用表4-1的表格进行编制。

表4-1　××项目年度施工进度计划表

单位工程名称	工程量	总产值/万元	开工日期	计划完工日期	本年完成数量	本年形象进度

2. 月（旬、周）施工进度计划

对单位工程来说，月（旬、周）施工计划有指导作业的作用，因此要具体编制成作业计划，应在单位工程施工进度计划的基础上取段细化编制。可参考表4-2，施工进度每格代表的天数根据月、旬、周分别确定，旬、周计划不必全编，可任选一种。

表 4-2　××项目××月度施工进度计划表

分项工程	工程量		本月完成	需要人工数	施工进度					
名称	单位	数量	工程量	（机械数量）						

3. 施工任务书

施工任务书是向作业班组下达施工任务的一种工具。它是计划管理和施工管理的重要基础依据，也是向班组进行质量、安全、技术、节约等交底的好形式，可作为原始记录文件供业务核算使用。随施工任务书下达的限额领料单是进行材料管理和核算的良好手段。施工任务书的表达形式见表 4-3。任务书的背面是考勤表，随任务书下达的限额领料单见表 4-4。

表 4-3　施工任务书

工程名称：			字第　号					工期	开工	完工	天数
								计划			
施工队组：			签发日期　年　月　日					实际			
定额编号	工程项目	单位	计划				实际		附注		
			工程量	时间定额	每工产量	工日数	工程量	定额工日			
合计											
工作范围							质量验收意见				
质量安全要求	技术、节约措施										
签发			结算					功效			
工长	组长	劳资员	材料员	工长	组长	统计员	材料员	治安员	劳资员	定额工日	
										实际工日	
										完成/%	

表 4-4　限额领料单

材料类别	材料编号	材料名称及规格	计量单位	领用限额	实际领用	单价	金额	备注
供应部门负责人　计划生产部门负责人：								

日期	领用				退料			限额结余
	请领数量	实发数量	发料人签章	领料人签章	退料数量	退料人签章	收料人签章	

施工班组接到任务书后，应做好分工，安排完成，执行中要保质量、保进度、保安全、保节约、保工效提高。任务完成后，班组自检，在确认已经完成后，向工长报请验收。工长验收时查数量、查质量、查安全、查用工、查节约，然后回收任务书，交作业队登记结算。结算内容有工程量、工期、用工、效率、耗料、报酬、成本，还要进行数量、质量、安全和节约统计，然后存档。

（二）记录现场的实际情况

在施工中要如实做好施工记录，记录好各项工作的开竣工日期和施工工期，记录每日完成的工程量，施工现场发生的事件及解决情况，可为计划实施的检查、分析、调整、总结提供原始资料。

（三）调整、控制进度计划

对于检查作业计划执行中出现的各种问题，要找出原因并采取措施解决；监督供货商按照进度计划要求按时供料；控制施工现场各项设施的使用；按照进度计划做好各项施工准备工作。

二、建筑工程项目进度计划的检查

在建筑工程项目的实施过程中，为进行进度控制，进度控制人员应经常、定期地跟踪检查施工实际进度情况。施工进度的检查与进度计划的执行是融会在一起的，施工进度的检查应与施工进度记录结合进行。计划检查是计划执行信息的主要来源，是施工进度调整和分析的依据，是进度控制的关键步骤。具体应主要检查工作量的完成情况、工作时间的执行情况、资源使用及与进度的互相配合情况等。进行进度统计整理和对比分析，确定实际进度与计划进度之间的关系，并视实际情况对计划进行调整。

（一）跟踪检查施工实际进度，收集实际进度数据

跟踪检查施工实际进度是项目施工进度控制的关键措施，其目的是收集实际施工进度的有关数据。跟踪检查的时间和收集数据的质量直接影响控制工作的质量和效果。

（二）整理统计检查数据

为进行实际进度与计划进度的比较，必须对收集到的实际进度数据进行加工处理，形成与计划进度具有可比性的数据。例如对检查时段实际完成工作量的进度数据进行整理、统计和分析，确定本期累计完成的工作量、本期已完成的工作量占计划总工作量的百分比等。

（三）对比实际进度与计划进度

进度计划的检查方法主要是对比法，即将实际进度与计划进度进行对比，从而发现偏差。将实际进度数据与计划进度数据进行比较，可以确定建筑工程实际执行状况与计划目标之间的差距。为直观反映实际进度偏差，通常采用表格或图形进行实际进度与计划进度的对比分析，从而得出实际进度比计划进度超前、滞后，还是和计划进度一致的结论。

实践中，我们可采用横道图比较法、S 形曲线比较法、香蕉曲线比较法、前锋线比较法、列表比较法等。

（四）调整建筑工程项目进度计划

若产生的偏差对总工期或后续工作产生了影响，经研究后须对原进度计划进行调整，以保证进度目标的实现。

三、建筑工程进度计划的调整内容

将正式进度计划报请有关部门审批后，即可组织实施。在计划执行过程中，由于资源、环境、自然条件等因素的影响，往往会造成实际进度与计划进度产生偏差，如果这种偏差不能得到及时纠正，必将影响进度目标的实现。因此，在计划执行过程中采取相应措施来进行管理，对保证计划目标的顺利实现具有重要意义。

通常，对建筑工程进度计划进行调整，包括调整关键线路长度，调整非关键工作时差，增减工作项目，调整逻辑关系，调整持续时间（重新估计某些工作的持续时间），调整资源。

（一）调整内容形式

可以只调整上述六项中的一项，也可以同时调整多项，还可以将几项结合起来调整，例如，将工期与资源，工期与成本，工期、资源及成本结合起来调整，以求综合效益最佳。只要能达到预期目标，调整越少越好。

（二）调整关键线路长度

当关键线路的实际进度比计划进度提前时，首先要确定是否对原计划工期予以缩短。如果不拟缩短，可以利用这个机会降低资源强度或费用。方法是选择后续关键工作中资源占用量大的或直接费用高的予以适当延长，延长的长度不应超过已完成的关键工作提前的时间量；如果要使提前完成的关键线路的效果缩短整个计划的工期，则应将计划的未完成部分作为一个新计划，重新进行计算与调整，再按新的计划执行，并保证新的关键工作按新的计划时间完成。

当关键线路的实际进度比计划进度落后时，计划调整的任务是采取措施把失去的时间抢回来。因此，应在未完成的关键线路中选择资源强度小的予以缩短，重新计算未完成部分的时间参数，按新参数执行。这样做有利于减少赶工费用。

（三）调整非关键工作时间

时差调整的目的是更充分地利用资源，降低成本，满足施工需要，时差调整幅度不得大于计划总时差值。每次调整均须进行时间参数计算，从而观察本次调整对计划全局的影响。调整的方法有三种：在总时差范围内移动工作的起止时间，延长非关键工作的持续时间，缩短非关键工作的持续时间。运用三种方法的前提均是降低资源强度。

（四）增减工作项目

增减工作项目均不应打乱原网络计划总的逻辑关系。由于增减工作项目只能改变局部的逻辑关系，此局部改变不影响总的逻辑关系。增加工作项目只是对原遗漏或不具体的逻辑关系进行补充，减少工作项目只是对提前完成的工作项目或原不应设置而设置的工作项目予以删除。只有这样，才是真正地调整，而不是"重编"。增减工作项目之后重新计算时间参数，以分析此调整是否对原网络计划工期有影响，如有影响，应采取消除措施。

（五）调整逻辑关系

逻辑关系改变的原因必须是施工方法或组织方法改变。但一般说来，只能调整组织关系，而工艺关系不宜调整，以免打乱原计划。调整逻辑关系是以不影响原定计划工期和其他工作的顺序为前提的。调整的结果绝对不应形成对原计划的否定。

（六）调整持续时间

调整的原因应是原计划有误或实现条件不充分。调整的方法是重新估算。调整后，应重新计算网络计划的时间参数，以观察其对总工期的影响。

（七）调整资源

资源的调整应在资源供应发生异常时进行。所谓异常，即因供应满足不了需要（中断或强度降低），影响了计划工期的实现。资源调整的前提是保证工期或使工期适当，故应进行适当的工期—资源优化，从而使调整有好的效果。

四、建筑工程进度计划的调整过程

在建筑工程项目进度实施过程中，一旦发现实际进度偏离计划进度，即出现进度偏差时，必须认真分析产生偏差的原因及其对后续工作和总工期的影响，要采取合理、有效的纠偏措施对进度计划进行调整，确保进度总目标的实现。

（一）分析进度偏差产生的原因

通过对建筑工程项目实际进度与计划进度的比较，发现进度偏差，为采取有效的纠偏措施调整进度计划，必须进行深入而细致的调查，分析产生进度偏差的原因。

（二）分析进度偏差对后续工作和总工期的影响

当查明进度偏差产生的原因之后，要进一步分析进度偏差对后续工作和总工期的影响程度，以确定是否应采取措施进行纠偏。

（三）采取措施调整进度计划

采取纠偏措施调整进度计划，应以后续工作和总工期的限制条件为依据，确保要求的进度目标得到实现。

（四）实施调整后的进度计划

进度计划调整之后，应执行调整后的进度计划，并继续检查其执行情况，进行实际进度与计划进度的比较，不断循环此过程。

五、分析进度偏差的影响

比较实际进度与计划进度，当判断出现进度偏差时，应当分析该偏差对后续工作和对总工期的影响。

（一）分析出现进度偏差的工作是否为关键工作

若出现偏差的工作为关键工作，则不论偏差大小，都会对后续工作及总工期产生影响，必须采取相应的调整措施；若出现偏差的工作为非关键工作，则需要根据偏差值与总时差和自由时差的大小关系确定对后续工作和总工期的影响程度。

（二）分析进度偏差是否大于总时差

若工作的进度偏差大于该工作的总时差，说明此偏差必将影响后续工作和总工期，必须采取相应的调整措施；若工作的进度偏差小于或等于该工作的总时差，则说明此偏差不会对总工期产生影响，但它对后续工作的影响程度需要根据比较偏差与自由时差的情况来确定。

（三）分析进度偏差是否大于自由时差

若工作的进度偏差大于该工作的自由时差，说明此偏差会对后续工作产生影响，该如何调整应根据后续工作允许影响的程度而定；若工作的进度偏差小于或等于该工作的自由时差，则说明此偏差不会对后续工作产生影响，因此原进度计划可以不做调整。

经过如此分析，进度控制人员可以确认应该调整产生进度偏差的工作和调整偏差值的大小，从而确定调整措施，获得新的符合实际进度情况和计划目标的新进度计划。

六、施工项目进度计划的调整方法

在对实施的进度计划分析的基础上，应确定调整原计划的方法，一般主要有以下两种：

（一）改变某些工作之间的逻辑关系

若检查的实际施工进度产生的偏差影响了总工期，在工作之间的逻辑关系允许改变的条件下，改变关键线路和超过计划工期的非关键线路上的有关工作之间的逻辑关系，以达到缩短工期的目的。

用这种方法调整的效果是很显著的，例如可以把依次进行的有关工作改作平行施工，或将工作划分成几个施工段组织流水施工，都可以达到缩短工期的目的。

（二）缩短某些工作的持续时间

这种方法是不改变工作之间的逻辑关系，而是通过采取增加资源投入、提高劳动效率等措施缩短某些工作的持续时间，从而使施工进度加快，并保证实现计划工期的方法。一般情况下，我们选取关键工作压缩其持续时间，这些工作又是可压缩持续时间的工作。这种方法实际上就是网络计划优化中的工期优化方法和费用优化方法。

七、施工进度计划控制总结的依据

施工进度计划完成后，项目经理部要及时进行施工进度计划控制总结。其依据如下：

1. 施工进度计划。
2. 施工进度计划执行的实际记录。
3. 施工进度计划检查结果。
4. 施工进度计划的调整资料。

八、施工进度计划控制总结的内容

（一）合同工期目标完成情况

合同工期主要指标计算公式如下：

合同工期节约值＝合同工期－实际工期

指令工期节约值＝指令工期－实际工期

定额工期节约值＝定额工期－实际工期

计划工期提前率＝（计划工期－实际工期）／计划工期×100%

缩短工期的经济效益＝缩短一天产生的经济效益×缩短工期天数

分析缩短工期的原因，大致从以下方面着手：计划周密情况、执行情况、控制情况、协调情况、劳动效率。

（二）资源利用情况

资源利用情况所使用的指标计算公式如下：

单方用工＝总用工数/建筑面积

劳动力不均衡系数＝最高日用工数/平均日用工数

节约工日数＝计划用工工日－实际用工工日

主要材料节约量＝计划材料用量－实际材料用量

主要机械台班节约量＝计划主要机械台班数－实际主要机械台班数

主要大型机械节约率＝（各种大型机械计划费之和－实际费之和）/各种大型机械计划费之和×100%

资源节约的原因如下：计划积极可靠，资源优化效果好，按计划保证供应，认真制定并实施了节约措施，协调及时、省力。

（三）成本情况

成本情况主要指标计算公式如下：

降低成本额＝计划成本－实际成本

降低成本率＝（降低成本额/计划成本）×100%

节约成本的主要原因大致如下：计划积极可靠，成本优化效果好，认真制定并执行了节约成本措施，工期缩短，成本核算及成本分析工作效果好。

（四）施工进度控制经验

经验是指对成绩及其原因进行分析，为以后进度控制提供可借鉴、本质的、规律性的东西。分析进度控制的经验可以从以下四方面进行。

1. 编制什么样的进度计划才能取得较大效益。

2. 怎样优化计划更有实际意义。其中包括优化方法、目标、计算及电子计算机应用等。

3. 怎样实施、调整与控制计划。其中包括记录检查、调整、修改、节约、统计等措施。

4. 施工进度控制工作的创新。

（五） 施工进度控制中存在的问题及分析

若施工进度控制目标没有实现，或在计划执行中存在缺陷，应对存在的问题进行分析，分析时可以定量计算，也可以定性分析。对产生问题的原因也要从编制和执行计划中去找。问题要找清，原因要查明，不能解释不清，遗留问题要到下一控制循环中解决。

施工进度中一般存在工期拖后、资源浪费、成本浪费、计划变化太大等问题，其原因一般包括计划本身的原因、资源供应和使用中的原因、协调方面的原因和环境方面的原因。

（六） 施工进度控制的改进意见

对施工进度控制中存在的问题进行总结，提出改进方法或意见，以便在以后的工程中加以应用。

九、施工项目进度计划控制总结的编制方法

1. 在总结之前进行实际调查，取得原始记录中没有的情况和信息。

2. 提倡采用定量的对比分析方法。

3. 在计划编制和执行中，应认真积累资料，为总结提供信息准备。

4. 召开总结分析会议。

5. 尽量采用计算机储存资料进行计算、分析与绘图，以提高总结分析的速度和准确性。

6. 总结分析资料要分类归档。

第一节　项目质量管理概述

一、工程质量

（一）工程质量控制的概念及特性

质量是指一组固有特性满足要求的程度。固有特性包括明示的和隐含的特性，明示的特性一般以书面阐明或明确向顾客指出，隐含的特性是指惯例或一般做法。满足要求是指满足顾客和相关方的要求，包括法律法规及标准规范的要求。

建设工程质量简称工程质量，是指建设工程满足相关标准规定和合同约定要求的程度，包括其在安全、使用功能及其在耐久性能、节能与环境保护等方面所有明示和隐含的固有特性。

建设工程作为一种特殊的产品，除具有一般产品共有的质量特性外，还具有特定的内涵。建设工程质量的特性主要表现在以下七方面：

1. 适用性，即功能，是指工程满足使用目的的各种性能。

2. 耐久性，即寿命，是指工程在规定的条件下，满足规定功能要求使用的年限，也就是工程竣工后的合理使用寿命期。

3. 安全性，是指工程建成后在使用过程中保证结构安全、保证人身和环境免受危害的程度。

4. 可靠性，是指工程在规定的时间和规定的条件下完成规定功能的能力。

5. 经济性，是指工程从规划、勘察、设计、施工到整个产品使用寿命周期内的成本和消耗的费用。

6. 节能性，是指工程在设计与建造过程及使用过程中满足节能减排、降低能耗的标志和有关要求的程度。

7. 与环境的协调性，是指工程与其周围生态环境协调，与所在地区经济环境协调及与周围已建工程协调，以适应可持续发展的要求。

上述七方面的质量特性彼此之间是相互依存的。总体而言，适用、耐久、安全、可靠、经济、节能及与环境协调性，都是必须达到的基本要求，缺一不可。但是对于不同门类不同专业的工程，如工业建筑、民用建筑、公共建筑、住宅建筑、道路建筑，可根据其所处的特定地域环境条件、技术经济条件的差异，有不同的侧重面。

（二）影响工程质量的因素

影响工程的因素很多，但归纳起来主要有五方面，即人（Man）、材料（Material）、机械（Machine）、方法（Method）和环境（Environment），简称4M1E。

1. 人员素质

人是生产经营活动的主体，也是工程项目建设的决策者、管理者、操作者，工程建设的规划、决策、勘察、设计、施工与竣工验收等全过程，都是通过人的工作来完成的。人员的素质，即人的文化水平、技术水平、决策能力、管理能力、组织能力、作业能力、控制能力、身体素质及职业道德等，都将直接和间接地对规划、决策、勘察、设计和施工的质量产生影响，而规划是否合理、决策是否正确、设计是否符合所需质量功能、施工能否满足合同规范技术标准需要等，都将对工程质量产生不同程度的影响。人员素质是影响工程质量的一个重要因素。因此，建筑行业实行资质管理和各类专业从业人员持证上岗制度是保证人员素质的重要管理措施。

2. 工程材料

工程材料是指构成工程实体的各类建筑材料、构配件、半成品等，它是工程建设的物质条件，是工程质量的基础。工程材料选用是否合理、产品是否合格、材质是否经过检验、保管使用是否得当等，都将直接影响建设工程的结构刚度和强度、外表及观感、使用功能、质量安全。

3. 机械设备

机械设备可分为两类：一类是指组成工程实体及配套的工艺设备和各类机具，如电梯、泵机、通风设备等，它们构成建筑设备安装工程或工业设备安装工程，形成完整的使用功能；另一类是指施工过程中使用的各类机具设备，包括大型垂直与横向运输设备、各类操作工具、各种施工安全设施、各类测量仪器和计量器具等，简称施工机具设备，它们是施工生产的手段。施工机具设备对工程质量也有重要的影响。工程所用机具设备，其产品质量优劣直接影响工程使用功能质量。施工机具设备的类型是否符合工程施工特点，性能是否先进稳定，操作是否方便安全等，都将会影响工程项目的质量。

4. 施工方法

施工方案：科学合理的施工方案能够最大限度地提高施工效率，降低成本。

施工技术：先进的施工技术和工艺可以提高工程质量，减少施工周期。

质量管理：严格的质量控制程序确保每一项工作都符合标准要求，避免质量问题。

5. 施工环境

自然环境：气候条件、地质条件等自然因素都会对施工造成影响。合理安排施工进度，避免恶劣天气对施工造成不利影响。

社会环境：周边的社会环境也会对施工产生影响，如交通状况、居民投诉等。与当地政府和社区进行良好沟通，减少负面影响。

环境保护：施工过程中应遵守相关的环保法规，减少对周围环境的破坏。

二、工程质量控制

（一）工程质量控制的概念

工程质量控制也就是为保证工程质量，满足工程合同、规范标准所采取的一系列措施、方法和手段。工程质量要求主要表现为工程合同、设计文件、技术规范标准规定的质量标准。

工程质量控制按其实施主体不同，分为自控主体和监控主体。前者是指直接从事质量职能的活动者；后者是指对他人质量能力和效果的监控者，主要包括以下几方面：

1. 政府的工程质量控制

政府属于监控主体，它主要是以法律法规为依据，通过抓工程报建、施工图设计文件审查、施工许可、材料和设备准用、工程质量监督、重大工程竣工验收备案等主要环节进行。

2. 建设单位的质量控制

建设单位属于监控主体，它主要是协调设计、监理和施工单位的关系，通过项目规划、设计质量、招标投标、重大技术方案、施工阶段质量、信息反馈等各个环节，来控制工程质量。

3. 工程监理单位的质量控制

工程监理单位属于监控主体，它主要是受建设单位的委托，代表建设单位对工程实施全过程的质量监督和控制，包括勘察设计阶段质量控制、施工阶段质量控制，以满足建设单位对工程质量的要求。

4. 勘察设计单位的质量控制

勘察设计单位属于自控主体，它是以法律、法规及合同为依据，对勘察设计的整个过程进行控制，包括工作程序、工作进度、费用及成果文件所包含的功能和使用价值，以满足建设单位对勘察设计质量的要求。

5. 施工单位的质量控制

施工单位属于自控主体，它是以工程合同、设计图纸和技术规范为依据，对施工准备阶段、施工阶段、竣工验收交付阶段等施工全过程的工作质量和工程质量进行控制，以达到合同文件规定的质量要求。

（二）工程质量控制原则

质量控制，即采取一系列检测、试验、监控措施、手段和方法，按照质量策划和质量改进的要求，确保合同、规范所规定的质量标准的实现。

根据工程施工的特点，在控制过程中，应遵循以下几条基本原则：

1. 坚持"质量第一，用户至上"的原则。

2. 充分发挥人的作用的原则。

3. 坚持"以预防为主"的原则。

4. 坚持质量标准、严格检查，一切用数据说话的原则。

5. 坚持贯彻科学、公正、守法的职业规范。

（三）工程质量控制的目的

监理工程师控制质量的目的，概括起来有以下几方面：

1. 维护项目法人的建设意图，保证投资效益，即社会效益和经济效益。

2. 防止质量事故的发生，特别是事后质量问题的发生。

3. 防止承包单位做出有损工程质量的不良行为。

（四）工程质量控制的方法

质量控制的方法主要指审核有关技术文件、报告或报表和直接进行现场检查或必要的试验等。

1. 审核有关技术文件、报告或报表

对技术文件、报告、报表的审核，是项目经理对工程质量进行全面控制的重要手段，具体内容如下。

（1）审核有关技术资质证明文件。

（2）审核开工报告，并经现场核实。

（3）审核施工方案、施工组织设计和技术措施。

（4）审核有关材料、半成品的质量检验报告。

（5）审核反映工序质量动态的统计资料或控制图表。

（6）审核设计变更、修改图纸和技术核定书。

（7）审核有关质量问题的处理报告。

（8）审核有关应用新工艺、新材料、新技术、新结构的技术核定书。

（9）审核有关工序交接检查，分项、分部工程质量检查报告。

（10）审核并签署现场有关技术签证、文件等。

2. 质量监督与检查

（1）开工前检查。其目的是检查是否具备开工条件，开工后能否连续正常施工，能否保证工程质量。

（2）工序交接检查。对重要的工序或对工程质量有重大影响的工序，在自检、互检的基础上，还要组织专职人员进行工序交接检查。

（3）隐蔽工程检查。凡是隐蔽工程均应检查认证后再掩盖。

（4）停工后复工前的检查。因处理质量问题或某种原因停工后须复工时，也应经检查认可后方能复工。

（5）分项、分部工程完工后，应经检查认可，签署验收记录后才能进行下一工程项目施工。

（6）成品保护检查。检查成品有无保护措施，或保护措施是否可靠。

另外，还应经常深入现场，对施工操作质量进行巡视检查；必要时还应进行跟班或追踪检查。

第二节　项目质量控制与验收

一、建设工程施工质量控制

（一）施工阶段质量控制的依据

施工阶段监理工程师进行质量控制的依据，根据其适用的范围及性质，大致可以分为共同性依据和专门技术法规性依据两类。

1. 质量控制的共同性依据

共同性依据主要是指适用于工程项目施工阶段与质量控制有关的、通用的、具有普遍指导意义和必须遵守的基本文件，其内容包括以下几方面：

（1）工程承包合同。工程施工承包合同中包含了参与建设的各方在质量控制方面的权利和义务的条款，监理工程师要熟悉这些条款，据此进行质量监督和控制，并在发生质量纠纷时及时采取措施予以解决。

（2）设计文件。"按图施工"是施工阶段质量控制的一项重要原则，经过批准的设计图纸和技术说明书等设计文件，是质量控制的重要依据。监理工程师要组织好设计交底和图纸会审工作，以便能充分了解设计意图和质量要求。

（3）国家及政府有关部门颁布的有关质量管理方面的法律、法规性文件。

2. 质量控制的专门技术法规性依据

专门技术法规性依据主要指针对不同的行业、不同的质量控制对象而制定的技术法规性文件，包括各种有关的标准、规范、规程或规定，具体分为以下几类：

（1）工程施工质量验收标准。

（2）有关工程材料、半成品和构配件质量控制方面的专门技术法规。

（3）控制施工过程质量的技术法规。

（4）采用新工艺、新技术、新方法的工程及事先制定的有关质量标准和施工工艺规程。

（二）施工阶段质量控制的方法

监理人员在施工阶段的质量控制中，应履行自己的职责，主要的方法如下：

1. 审核有关的技术文件、报告或报表

审核有关的技术文件、报告或报表，具体内容包括以下几项：

（1）审查进入施工现场的分包单位的资质证明文件，控制分包单位的质量。

（2）审批施工承包单位的开工申请书，检查、核实与控制其施工准备工作质量。

（3）审批承包单位提交的施工方案、质量计划、施工组织设计或施工计划，控制工程施工质量有可靠的技术措施保障。

（4）审批施工承包单位提交的有关材料、半成品和构配件质量证明文件（出厂合格证、质量检验或试验报告等），确保工程质量有可靠的物质基础。

（5）审核承包单位提交的反映工序施工质量的动态统计资料或管理图表。

（6）审核承包单位提交的有关工序产品质量的证明文件（检验记录及试验报告）、工序交接检查（自检）、隐蔽工程检查、分部分项工程质量检查报告等文件、资料，以确保和控制施工过程的质量。

（7）审批有关工程变更、修改设计图纸等，确保设计及施工图纸的质量。

（8）审核有关应用新技术、新工艺、新材料、新结构等的技术鉴定书，审批其应用申请报告，确保新技术应用的质量。

（9）审批有关工程质量事故或质量问题的处理报告，确保质量事故或质量问题处理的质量。

（10）审核与签署现场有关质量技术签证、文件等。

在整个施工过程中，监理人员应按照监理工作计划书和监理工作实施细则的安排，并按照施工顺序和进度计划的要求，对上述文件及时审核和签署。

2. 进行质量监督、检查与验收

监理组成员应常驻现场，进行质量监督、检查与验收，主要工作内容有以下几点：

（1）开工前的检查。主要是检查开工前准备工作的质量，能否保证正常施工及工程施工质量。

（2）工序施工中的跟踪监督、检查与控制。主要是监督、检查在工序施工过程中，人员、施工机械设备、材料、施工方法及工艺或操作，以及施工环境条件等是否均处于良好的状态，是否符合保证工程质量的要求，若发现问题应及时纠正和加以控制。

（3）对于重要的和对工程质量有重大影响的工序和工程部位，还应在现场进行施工过程的旁站监督与控制，确保使用材料及工艺过程质量。

（4）对隐蔽工程检查与验收是监理人员的正常工作之一。监理人员应根据承包单位报送的隐蔽工程报验申请表和自检结果进行现场检查，应经监理人员检查、验收、签证后才能隐蔽，才能进行下一道工序；对未经监理人员验收或验收不合格的工序，监理人员应拒绝签认，并要求承包单位严禁进行下一道工序的施工。

（5）停工整顿后、复工前的检查。当施工单位严重违反有关规定，监理人员可行使质量否决权，令其停工；因其他原因停工后须复工时，均须检查符合复工条件后，下达复工令。

（6）分项工程、分部工程完成后，以及单位工程竣工后，须经监理人员检查认可。专业监理工程师应对承包单位报送的分项工程质量验评资料进行审核，符合要求后予以签认；总监理工程师应组织监理人员对承包单位报送的分部工程和单位工程质量验评资料进行审核和现场检查，符合要求后予以签认。

（三）施工阶段质量控制的手段

目前，监理人员对工程施工阶段进行质量控制的手段主要有以下几种：

1. 见证、旁站、巡视和平行检验

这是监理人员现场监控的几种主要形式。见证是由监理人员现场监督某工序全过程完成情况的活动；旁站是在关键部位或关键工序施工过程中，由监理人员在现场进行的监督活动；巡视是监理人员对正在施工的部位或工序在现场进行的定期或不定期的监督活动；平行检验是项目监理机构利用一定的检查或检测手段，在承包单位自检的基础上，按照一定的比例独立进行检查或检测的活动。

2. 指令文件和一般管理文书

指令文件是监理工程师运用指令控制权的具体形式。所谓指令文件，是表达监理工程师对施工承包单位提出指示或命令的书面文件，属要求强制性执行的文件。一般情况下是监理工程师从全局利益和目标出发，在对某项施工作业或管理问题，经过充分调研、沟通和决策之后，要求承包人必须严格按监理工程师的意图和主张实施的工作。对此，承包人负有全面正确执行指令的责任，监理工程师负有监督指令实施效果的责任。因此，它是一种非常严肃且需要慎用的管理手段。监理工程师的各项指令都应是书面的或有文件记载的方为有效，并作为技术文件资料存档。如因时间紧迫，来不及做出正式的书面指令，也可以用口头指令的方式下达给承包单位，但随即应按合同规定，及时补充书面文件，对口头指令予以确认。指令文件一般均以监理工程师通知的方式下达，在监理指令中，也包括《工程开工指令》《工程暂停指令》及《工程复工指令》等。

一般管理文书，如监理工程师函、备忘录、会议纪要、发布有关信息、通报等，主要是对承包商工作状态和行为，提出建议、希望和劝阻等，不属强制性要求执行，仅供承包人自主决策参考。

3. 严格执行监理程序

在质量监理的过程中严格执行监理程序，也是强化施工单位的质量管理意识、保证工程质量的有效手段。当施工单位没有对工程项目的质量进行自检时，监理人员可以拒绝对工程进行检查和验收，以便强化施工单位自身质量控制的机能；没有监理人员签发的中间交工证书时，施工单位就不能进行下道工序的施工。这样做可以促进施工单位坚持按施工规范施工，从而能保证工作的正常进行。

4. 工地例会、专题会议

监理工程师可通过工地例会检查分析工程项目质量状况，针对存在的质量问题提出改进措施。对于复杂的技术问题或质量问题，还可以及时召开专题会议解决。

5. 测量复核

在工程建设中，测量复核工作贯穿施工监理的全过程。工程开工前，监理人员应对控制点和放线进行核查；在施工过程中，不仅要对承包单位报送的施工测量放线成果进行复验和确认，还要对工程的标高、轴线、垂直度等进行复核；工程完成后，应采取测量的手段，对工程的几何尺寸、轴线、高程、垂直度等进行验收。

6. 工程计量与支付工程款

工程计量是根据设计文件及承包合同中关于工程量计算的规定，项目监理机构对承包单位申报的已完成工程的工程量进行的核验。

对合同管理的重要手段是经济手段。对施工承包单位支付任何工程款项，均须由总监理工程师审核签认支付证明书，没有总监理工程师签署的支付证书，建设单位不得向承包单位支付工程款。工程款支付的条件之一就是工程质量达到规定的要求和标准。如果承包单位的工程质量达不到要求的标准，监理工程师有权采取拒绝签署支付证书的手段，停止对承包单位支付部分或全部工程款，由此造成的损失由承包单位负责。显然，这是十分有效的控制手段和约束手段。

二、建设工程施工质量验收

（一）工程施工质量验收层次划分

1. 工程施工质量验收层次划分及目的

（1）施工质量验收层次划分

随着我国经济发展和施工技术的进步，工程建设规模不断扩大，技术复杂程度越来越高，出现了大量工程规模较大的单体工程和具有综合使用功能的综合性建筑物。由于大型单体工程可能在功能或结构上由若干个单体组成，且整个建设周期较长，可能出现已建成可使用的部分单体须先投入使用，或先将工程中一部分提前建成使用等情况，需要进行分段验收，再加之对规模特别大的工程进行一次验收也不方便等，因此标准规定，可将此类工程划分为若干个子单位工程进行验收。同时，为更加科学地评价工程施工质量和有利于对其进行验收，根据工程特点，按结构分解的原则将单位或子单位工程又划分为若干个分部工程。在分部工程中，按相近工作内容和系统又划分为若干个子分部工程。每个分部工程或子分部工程又可划分为若干个分项工程。每个分项工程中又可划分为若干个检验批。检验批是工程施工质量验收的最小单位。

（2）施工质量验收层次划分的目的

工程施工质量验收涉及工程施工过程质量验收和竣工质量验收，是工程施工质量控制的重要环节。根据工程特点，按项目层次分解的原则合理划分工程施工质量验收层次，将有利于对工程施工质量进行过程控制和阶段质量验收，特别是不同专业工程的验收批的确定，将直接影响到工程施工质量验收工作的科学性、经济性、实用性和可操作性。因此，对施工质量验收层次进行合理划分非常有必要，这有利于工程施工质量的过程控制和最终把关，确保工程质量符合相关标准。

2. 单位工程的划分

单位工程是指具备独立的设计文件、独立的施工条件并能形成独立使用功能的建筑物或构筑物。对于建筑工程，单位工程的划分应按下列原则确定：

（1）具备独立施工条件并能形成独立使用功能的建筑物或构筑物为一个单位工程。如一所学校的一栋教学楼、办公楼、传达室，某城市的广播电视塔等。

（2）对于规模较大的单位工程，可将其能形成独立使用功能的部分划分为一个子单位工程。

子单位工程的划分一般可根据工程的建筑设计分区、使用功能的显著差异、结构缝的设置等实际情况，在施工前由建设、监理、施工单位商定划分方案，并据此收集整理施工技术资料和验收。

（3）室外工程可根据专业类别和工程规模划分单位工程或子单位工程、分部工程。室外工程的单位工程、分部工程划分按表 5-1 划分。

表 5-1　室外工程的单位工程、分部工程划分

单位工程	子单位工程	分部工程
室外设施	道路	路基、基层、面层、广场与停车场、人行道、人行地道、挡土墙、附属构筑物
	边坡	土石方、挡土墙、支护
附属建筑及室外环境	附属建筑	车棚、围墙、大门、挡土墙
	室外环境	建筑小品、亭台、水景、连廊、花坛、场坪绿化、景观桥
室外安装	给水排水	室外给水系统、室外排水系统
	供热	室外供热系统
	电气	室外供电系统、室外照明系统

3. 分部工程的划分

分部工程，是单位工程的组成部分。一般按专业性质、工程部位或特点、功能和工程量确定。对于建筑工程，分部工程的划分应按下列原则确定：

（1）分部工程的划分应按专业性质、工程部位确定。如建筑工程划分为地基与基础、主体结构、建筑装饰装修、屋面、建筑给水排水及供暖、通风与空调、建筑电气、建筑智能化、建筑节能、电梯等十个分部工程。

（2）当分部工程较大或较复杂时，可按材料种类、施工特点、施工程序、专业系统及类别将分部工程划分为若干子分部工程。如建筑智能化分部工程中就包含了通信网络系统、计算机网络系统、建筑设备监控系统、火灾报警及消防联动系统、会议系统与信息导航系统、专业应用系统、安全防范系统、综合布线系统、智能化集成系统、电源与接地系统、计算机机房工程、住宅智能化系统等子分部工程。

4. 分项工程的划分

分项工程，是分部工程的组成部分，可按主要工种、材料、施工工艺、设备类别进行划分。如建筑工程主体结构分部工程中，混凝土结构子分部工程按主要工种分为模板、钢筋、混凝土等分项工程；按施工工艺又分为预应力、现浇结构、装配式结构等分项工程。

建筑工程分部或子分部工程、分项工程的具体划分详见《建筑工程施工质量验收统一标准》及相关专业验收规范的规定。

5. 检验批的划分

检验批在《建筑工程施工质量验收统一标准》中是指按相同的生产条件或按规定的方式汇总起来供抽样检验用的，由一定数量样本组成的检验体。它是建筑工程质量验收划分中的最小验收单位。

分项工程可由一个或若干个检验批组成，检验批可根据施工、质量控制和专业验收的需要，按工程量、楼层、施工段、变形缝进行划分。

施工前，应由施工单位制订分项工程和检验批的划分方案，并由项目监理机构审核。对于《建筑工程施工质量验收统一标准》及相关专业验收规范未涵盖的分项工程和检验批，可由建设单位组织监理、施工等单位协商确定。

通常，多层及高层建筑的分项工程可按楼层或施工段来划分检验批；单层建筑的分项工程可按变形缝等划分检验批；地基与基础的分项工程一般划分为一个检验批，有地下层的基础工程可按不同地下层划分检验批；屋面工程的分项工程可按不同楼层屋面划分为不同的检验批；其他分部工程中的分项工程，一般按楼层划分检验批；对于工程量较少的分项工程可划分为一个检验批；安装工程一般按一个设计系统或设备组别划分为一个检验批；室外工程一般划分为一个检验批；散水、台阶、明沟等含在地面检验批中。

（二）工程施工质量验收规定

1. 检验批质量验收

（1）检验批质量验收程序

检验批是工程施工质量验收的最小单位，是分项工程乃至整个建筑工程质量验收的基础。检验批质量验收应由专业监理工程师组织施工单位项目专业质量检查员、专业工长等进行。

验收前，施工单位应先对施工完成的检验批进行自检，合格后由项目专业质量检查员填写检验批质量验收记录及检验批报审、报验表，并报送项目监理机构申请验收；专业监理工程师对施工单位所报资料进行审查，并组织相关人员到验收现场进行主控项目和一般项目的实体检查、验收。对验收不合格的检验批，专业监理工程师应要求施工单位进行整改，并自检合格后予以复验；对验收合格的检验批，专业监理工程师应签认检验批报审、报验表及质量验收记录，准许进行下道工序施工。

（2）检验批质量验收合格的规定

①主控项目

主控项目的条文是必须达到的要求，是保证工程安全和使用功能的重要检验项目，是对安全、卫生、环境保护和公众利益起决定性作用的检验项目，是确定该检验批主要性能的检验项目。主控项目中所有子项必须全部符合各专业验收规范规定的质量指标，方能判定该主控项目质量合格。反之，只要其中某一子项甚至某一抽查样本检验后达不到要求，即可判定该检验批质量为不合格，则该检验批拒收。换言之，主控项目中某一子项甚至某一抽查样本的检查结果若为不合格时，即行使对检验批质量的否决权。主控项目包括的内容主要如下。

A. 重要材料、构件及配件、成品及半成品、设备性能及附件的材质、技术性能等。检查出厂证明及试验数据，如水泥、钢材的质量，预制楼板、墙板、门窗等构配件的质量，风机等设备的质量等。检查出厂证明，其技术数据、项目应符合有关技术标准的规定。

B. 结构的强度、刚度和稳定性等检验数据、工程性能的检测，如混凝土、砂浆的强度，钢结构的焊缝强度，管道的压力试验，风管的系统测定与调整，电气的绝缘、接地测试，电梯的安全保护、试运转结果等。检查测试记录，其数据及项目要符合设计要求和相关验收规范规定。

C. 一些重要的允许偏差项目，必须控制在允许偏差限值之内。

②一般项目

一般项目是指除主控项目以外，对检验批质量有影响的检验项目。当其中缺陷（指超过规定质量指标的缺陷）的数量超过规定的比例，或样本的缺陷程度超过规定的限度后，对检验批质量会产生影响。一般项目包括的内容主要如下。

A. 允许有一定偏差的项目，而放在一般项目中，用数据规定的标准，可以有个别偏差范围，最多不超过20%的检查点可以超过允许偏差值，但也不能超过允许值的15%。

B. 对不能确定偏差值而又允许出现一定缺陷的项目，则以缺陷的数量来区分。如砖砌体预埋拉结筋留置间距的偏差、混凝土钢筋露筋等。

C. 一些无法定量项目可采用定性的方法，如碎拼大理石地面颜色协调，无明显裂缝和坑洼；卫生器具给水配件安装项目，接口严密，启闭部分灵活；管道接口项目，无外露油麻等。

③具有完整的施工操作依据、质量检查记录

质量控制资料反映了检验批从原材料到最终验收的各施工工序的操作依据、检查情况及保证质量所必需的管理制度等。对其完整性的检查，实际是对过程控制的确认，这是检验批合格的前提。

2. 隐蔽工程质量验收

隐蔽工程是指在下道工序施工后将被覆盖或掩盖，不易进行质量检查的工程，如钢筋混凝土工程中的钢筋工程、地基与基础工程中的混凝土基础和桩基础等。因此，隐蔽工程完成后，在被覆盖或掩盖前必须进行隐蔽工程质量验收。隐蔽工程可能是一个检验批，也可能是一个分项工程或子分部工程，所以可按检验批或分项工程、子分部工程进行验收。

如隐蔽工程为检验批时，其质量验收应由专业监理工程师组织施工单位项目专业质量检查员、专业工长等进行。

施工单位应对隐蔽工程质量进行自检，合格后填写隐蔽工程质量验收记录及隐蔽工程报审、报验表，并报送项目监理机构申请验收；专业监理工程师对施工单位所报资料进行审查，并组织相关人员到验收现场进行实体检查、验收，同时，应留有照片、影像等资料。对验收不合格的工程，专业监理工程师应要求施工单位进行整改，自检合格后予以复查；对验收合格的工程，专业监理工程师应签认隐蔽工程报审、报验表及质量验收记录，准予进行下一道工序施工。

例如钢筋隐蔽工程质量验收：施工单位应对钢筋隐蔽工程进行自检，合格后填写钢筋隐蔽工程质量验收记录及钢筋隐蔽工程报审、报验表，并报送项目监理机构申请验收。专业监理工程师对施工单位所报资料进行审查，并组织相关人员到验收现场进行检查、验收，同时应留有照片、影像等资料。对验收不合格的钢筋工程，专业监理工程师应要求施工单位进行整改，自检合格后予以复查；对验收合格的钢筋工程，专业监理工程师应签认钢筋隐蔽工程报审、报验表及质量验收记录，并准予进行下一道工序施工。

钢筋隐蔽工程验收的内容：纵向受力钢筋的品种、级别、规格、数量和位置等；钢筋的连接方式、接头位置、接头数量、接头面积百分率等；箍筋及横向钢筋的品种、规格、数量、间距等；预埋件的规格、数量、位置等。

检查要点：检查产品合格证、出厂检验报告和进场复验报告；检查钢筋力学性能试验报告；检查钢筋隐蔽工程质量验收记录；检查钢筋安装实物工程质量。

3. 分项工程质量验收

（1）分项工程质量验收程序

分项工程质量验收应由专业监理工程师组织施工单位项目技术负责人等进行。

验收前，施工单位应先对施工完成的分项工程进行自检，合格后填写分项工程质量验收记录及分项工程报审、报验表，并报送项目监理机构申请验收。专业监理工程师对施工单位所报资料逐项进行审查，符合要求后签认分项工程报审、报验表及质量验收记录。

（2）分项工程质量验收合格的规定

①分项工程所含检验批的质量均应验收合格。

②分项工程所含检验批的质量验收记录应完整。

分项工程的验收是在检验批的基础上进行的。一般情况下，检验批和分项工程两者具有相同或相近的性质，只是批量的大小不同而已，将有关的检验批汇集构成分项工程。

实际上，分项工程质量验收是一个汇总统计的过程，并无新的内容和要求。分项工程质量验收合格条件比较简单，只要构成分项工程的各检验批的质量验收资料完整，并且均已验收合格，则分项工程质量验收合格。因此，在分项工程质量验收时应注意以下三点：

A. 核对检验批的部位、区段是否全部覆盖分项工程的范围，有没有缺漏的部位没有验收到。

C. 一些在检验批中无法检验的项目，在分项工程中直接验收。如砖砌体工程中的全高垂直度、砂浆强度的评定。

B. 检验批验收记录的内容及签字人是否正确、齐全。

4. 分部工程的划分

（1）分部（子分部）工程质量验收程序

分部（子分部）工程质量验收应由总监理工程师组织施工单位项目负责人

和项目技术、质量负责人等进行。由于地基与基础、主体结构工程要求严格、技术性强，关系到整个工程的安全，为严把质量关，规定勘察、设计单位项目负责人和施工单位技术、质量负责人应参加地基与基础分部工程的验收。设计单位项目负责人和施工单位技术、质量负责人应参加主体结构、节能分部工程的验收。

验收前，施工单位应先对施工完成的分部工程进行自检，合格后填写分部工程质量验收记录及分部工程报验表，并报送项目监理机构申请验收。总监理工程师应组织相关人员进行检查、验收，对验收不合格的分部工程，应要求施工单位进行整改，自检合格后予以复查。对验收合格的分部工程，应签认分部工程报验表及验收记录。

（2）分部（子分部）工程所含分项工程的质量均应验收合格

分部（子分部）工程所含分项工程的质量均应验收合格。实际验收中，这项内容也是一项统计工作。在做这项工作时应注意以下三点：

①检查每个分项工程验收是否正确。

②注意查对所含分项工程，有没有漏缺的分项工程没有归纳进来，或是没有进行验收。

③注意检查分项工程的资料是否完整，每个验收资料的内容是否有缺漏项，以及各分项工程验收人员的签字是否齐全及符合规定。

（3）质量控制资料应完整

质量控制资料完整是工程质量合格的重要条件，在分部工程质量验收时，应根据各专业工程质量验收规范的规定，对质量控制资料进行系统的检查，着重检查资料的齐全、项目的完整、内容的准确和签署的规范。

质量控制资料检查实际也是统计、归纳工作，主要包括以下三方面的资料：

①核查和归纳各检验批的验收记录资料，查对其是否完整，有些龄期要求较长的检测资料，在分项工程验收时，尚不能及时提供，应在分部（子分部）工程验收时进行补查。

②检验批验收时，要求检验批资料准确完整后，方能对其开展验收。对在施工中质量不符合要求的检验批、分项工程，按有关规定进行处理后的资料归档审核。

③注意核对各种资料的内容、数据及验收人员签字的规范性。对于建筑材料的复验范围，各专业验收规范都做了具体规定，检验时按产品标准规定的组批规

则、抽样数量、检验项目进行。但有的规范另有不同要求，这一点在质量控制资料核查时须引起注意。

（4）分部工程有关安全及功能的检验和抽样检测结果应符合有关规定

这项验收内容，包括安全检测资料与功能检测资料两部分。涉及结构安全及使用功能检验（检测）的要求，应按设计文件及各专业工程质量验收规范中所做的具体规定执行。抽测器检测项目在各专业质量验收规范中已有明确规定，在验收时应注意以下三方面的工作。

①检查各规范中规定的检测项目是否都进行了验收，不能进行检测的项目应该说明原因。

②检查各项检测记录（报告）的内容、数据是否符合要求，包括检测项目的内容，所遵循的检测方法标准、检测结果的数据是否达到规定的标准。

③核查资料的检测程序、有关取样人、检测人、审核人、试验负责人及公章签字是否齐全等。

（5）观感质量验收应符合要求

观感质量验收是指在分部工程所含的分项工程完成后，在前三项检查的基础上，对已完工部分工程的质量，采用目测、触摸和简单量测等方法进行的一种宏观检查方式。

分部（子分部）工程观感质量验收，其检查的内容和质量指标已包含在各个分项工程内。对分部工程进行观感质量检查和验收，并不增加新的项目，只不过是转换一下视角，采用一种更直观、便捷、快速的方法，对工程质量从外观上做一次重复的、扩大的、全面的检查，这是由建筑施工特点所决定的。

在进行质量检查时，注意一定要在现场将工程的各个部位全部看到，能操作的应实地操作以观察其方便性、灵活性或有效性等，能打开观察的应打开观察，全面检查分部（子分部）工程的质量。

观感质量验收并不给出"合格"或"不合格"的结论，而是给出"好""一般""差"的总体评价。所谓"一般"，是指经观感质量检验能符合验收规范的要求；所谓"好"，是指在质量符合验收规范的基础上，能达到精致、流畅、匀净的要求，精度控制好；所谓"差"，是指勉强达到验收规范的要求，但质量不够稳定，离散性较大，给人以粗疏的印象。

观感质量验收中，若发现有影响安全、功能的缺陷，有超过偏差限值，或明显影响观感效果的缺陷，不能评价，应处理后再进行验收。

评价时，施工企业应先自行检查合格后，由监理单位来验收，参加评价的人员应具有相应的资格，由总监理工程师组织不少于三位监理工程师来检查，在听取其他参加人员的意见后，共同做出评价，但总监理工程师的意见应为主导意见。在做评价时，可分项目逐点评价，也可按项目进行大的方面的综合评价，最后对分部（子分部）做出评价。

5. 单位工程质量验收

单位工程质量验收，也称为质量竣工验收，是建筑工程投入使用前的最后一次验收，也是最重要的一次验收。验收合格的条件有以下五个：

（1）单位（子单位）工程所含分部（子分部）工程的质量均应验收合格

这项工作，总承包单位应事先进行认真准备，将所有分部、子分部工程质量验收的记录表及时收集整理，并列出目次表，依序将其装订成册。在核查及整理过程中，应注意以下三点：

①核查各分部工程中所含的子分部工程是否齐全。

②核查各分部、子分部工程质量验收记录表的质量评价是否完善，如分部、子分部工程质量的综合评价，质量控制资料的评价，地基与基础、主体结构和设备安装分部、子分部工程的有关安全及功能的检测和抽测项目的检测记录，以及分部、子分部观感质量的评价等。

③核查分部、子分部工程质量验收记录表的验收人员是不是规定的有相应资质的技术人员，并进行评价和签认。

（2）质量控制资料应完整

①建筑工程质量控制资料是反映建筑工程施工过程中各个环节工程质量状况的基本数据和原始记录，反映完工项目的测试结果和记录。这些资料是反映工程质量的客观见证，是评价工程质量的主要依据。工程质量资料是工程的"合格证"和技术的"证明书"。

②单位（子单位）工程质量验收、质量控制资料应完整，总承包单位应将各分部（子分部）工程应有的质量控制资料进行核查。图纸会审及变更记录，定位测量放线记录，施工操作依据，原材料、构配件等质量证书，按规定进行检

验的检测报告，隐蔽工程验收记录，施工中的有关施工试验、测试、检验等，以及抽样检测项目的检测报告等，由总监理工程师进行核查确认，可按单位工程所包含的分部、子分部分别核查，也可综合抽查。其目的是强调对建筑结构、设备性能、使用功能方面等主要技术性能的检验。

③由于每个工程的具体情况不一，因此资料是否完整，要视工程特点和已有资料的情况而定。总之，有一点是验收人员应掌握的，即看其是否可以反映工程的结构安全和使用功能，是否达到设计要求。如果资料能保证该工程结构安全和使用功能，能达到设计要求，则可认为是完整的。否则，不能判定为完整。

（3）单位（子单位）工程所含分部工程有关安全和功能的检测资料应完整

①在分部、子分部工程中提出了一些检测项目，在分部、子分部工程检查和验收时，应进行检测来保证和验证工程的综合质量与最终质量。这种检测（检验）应由施工单位来进行，检测过程中可请监理工程师或建设单位有关负责人参加监督检测工作，达到要求后形成检测记录并签字认可。在单位工程、子单位工程验收时，监理工程师应对各分部、子分部工程应检测的项目进行核对，对检测资料的数量、数据及使用的检测方法、检测标准、检测程序进行核查，并核查有关人员的签认情况等。

②这种对涉及安全和使用功能的分部工程检验资料的复查，不仅要全面检查其完整性（不得有漏检缺项），而且对分部工程验收时补充进行的见证抽样检验报告也要复核。这种强化验收的手段体现了对安全和主要使用功能的重视。

（4）主要功能项目的抽查结果应符合相关专业质量验收规范的规定

①使用功能的检查是对建筑工程和设备安装工程最终质量的综合检验，也是用户最为关心的内容。因此，在分项、分部工程验收合格的基础上，竣工验收时再做全面检查。通常主要功能抽测项目应为有关项目最终的综合性的使用功能，如室内环境检测、屋面淋水检测、照明全负荷试验检测、智能建筑系统运行等。

②抽查项目是在检查资料文件的基础上由参加验收的各方人员商定，并用计量、计数的抽样方法确定检查部位。检查要求按有关专业工程施工质量验收标准的要求进行。

（5）观感质量验收应符合要求

单位工程观感质量的验收方法和内容与分部、子分部工程的观感质量评价一样，只是分部、子分部工程的范围小一些而已，一些分部、子分部工程的观感质量，可能在单位工程检查时已经看不到。所以单位工程的观感质量更宏观一些，其内容按各有关检验批的主控项目、一般项目有关内容综合掌握，给出"好""一般""差"的评价。

第三节 项目质量改进和质量事故的处理

工程质量事故是指由于建设、勘察、设计、施工、监理等单位违反工程质量有关法律法规和工程建设标准，使工程产生结构安全、重要使用功能等方面的质量缺陷，造成人身伤亡或者重大经济损失的事故。

一、施工质量事故处理的分析依据

1. 质量事故的实况资料

包括质量事故发生的时间、地点；有关质量事故的观测记录、事故现场状态的照片或录像；质量事故发展变化的情况；质量事故状况的描述；事故调查组研究所获得的第一手资料。

2. 有关合同及合同文件

包括工程承包合同、设备与器材购销合同、设计委托合同、监理合同及分包合同等。

3. 有关技术文件和档案

主要是有关的设计文件（如施工图纸和技术说明）、档案和资料（如施工方案、施工计划、施工日志、施工记录、有关建筑材料的质量证明资料、现场制备材料的质量证明资料、与施工有关的技术文件及质量事故发生后对事故状况做的观测记录、试验记录或试验报告等）。

4. 相关建设法规

主要包括《中华人民共和国建筑法》及与工程质量、质量事故处理有关的勘察、设计、施工、监理等单位资质管理方面的法规，从业者资质管理方面的法规，建筑施工方面的法规，建筑市场方面的法规，关于标准化管理方面的法规。

二、项目质量改进

对于建筑工程项目，应利用质量方针、质量目标定期分析和评价项目的质量管理状况，识别质量改进区域，确定质量改进目标，实施选定的解决办法，增强质量管理体系的有效性。

（一）改进的步骤

1. 分析和评价现状，以识别改进区域。

2. 确定改进目标。

3. 寻找可能的解决办法以实现改进目标。

4. 评价这些解决办法并做出选择。

5. 实施选定的解决办法。

6. 测量、验证、分析和评价实施的结果，以确定改进目标已经实现。

7. 正式采纳更正（形成正式的规定）。

8. 必要时对结果进行评审，以寻求进一步改进的机会。

（二）改进的方法

1. 通过建立和实施质量目标，营造激励改进的氛围和环境。

2. 确立质量目标以明确改进方向。

3. 通过数据分析、内部审核，不断寻求改进的机会，并做出适当的改进活动安排。

4. 通过纠正和预防措施及其他适用的措施实现改进。

5. 在管理评审中评价改进效果，确定新的改进目标。

（三）改进的内容

持续改进的范围包括质量管理体系、过程和产品三方面，改进的内容涉及产品质量、日常工作和企业长远目标，不仅必须纠正、改正不合格的，目前也要不断改进合格，但不符合发展需要的。

三、建设工程质量事故处理的程序

工程质量事故发生后，监理工程师可按以下程序进行处理：

（一）工程质量事故发生后

工程质量事故发生后，总监理工程师应签发《工程暂停令》，并要求停止进行质量缺陷部位和与其有关联部位及下道工序施工，应要求施工单位采取必要的措施，防止事故扩大并保护好现场。同时，要求质量事故发生单位迅速按类别和等级向相应的主管部门上报，并于 24 h 内写出书面报告。

质量事故报告应包括：

1. 工程概况：重点介绍事故有关部分的工程情况。

2. 事故情况：事故发生的时间、性质、现状及发展变化的情况。

3. 是否需要采取临时应急防护措施。

4. 事故调查中的数据、资料。

5. 事故原因的初步判断。

6. 事故涉及人员与主要责任者的情况等。

（二）监理工程师在事故调查组展开工作后

监理工程师在事故调查组展开工作后，应积极协助，客观地提供相应证据，若监理方无责任，监理工程师可应邀参加调查组，参与事故调查；若监理方有责任，则应予以回避，但应配合调查组工作。

质量事故调查组的职责如下。

1. 查明事故发生的原因、过程、事故的严重程度和经济损失情况。

2. 查明事故的性质、责任单位和主要责任人。

3. 组织技术鉴定。

4. 明确事故主要责任单位和次要责任单位，承担经济损失的划分原则。

5. 提出技术处理意见及防止类似事故再次发生应采取的措施。

6. 提出对事故责任单位和责任人的处理建议。

7. 写出事故调查报告。

（三） 监理工程师在接到质量事故调查组提出的技术处理意见后

当监理工程师接到质量事故调查组提出的技术处理意见后，可组织相关单位研究，责成相关单位完成技术处理方案，并予以审核签认。质量事故技术处理方案，一般应委托原设计单位提出。由其他单位提供的技术处理方案，应经原设计单位同意签认。技术处理方案的制订，应征求建设单位的意见。技术处理方案必须依据充分，查清质量事故的部位和全部原因。必要时应委托法定工程质量检测单位进行质量鉴定或请专家论证，以确保技术处理方案可靠、可行，保证结构的安全和使用功能。

（四） 技术处理方案核签后

技术处理方案核签后，监理工程师应要求施工单位给出详细的施工设计方案，必要时应编制监理实施细则，对工程质量事故技术处理施工质量进行监理，技术处理过程中的关键部位和关键工序应旁站，并会同设计、建设等有关单位共同检查认可。

（五） 对施工单位完工自检后的报验结果

对施工单位完工自检后的报验结果，组织有关各方进行检查验收，必要时应进行处理结果鉴定。要求事故单位整理编写质量事故处理报告，并审核签认，组织将有关技术资料归档。工程质量事故处理报告的主要内容如下：

1. 工程质量事故情况、调查情况、原因分析（选自《质量事故调查报告》）。

2. 质量事故处理的依据。

3. 质量事故技术处理方案。

4. 实施技术处理施工中的有关问题和资料。

5. 对处理结果的检查、鉴定和验收。

6. 质量事故处理结论。

（六） 签发《工程复工令》

签发《工程复工令》，恢复正常施工。

四、建设工程质量事故处理方案

（一）工程质量事故处理方案

工程质量事故处理方案，应当在正确分析和判断质量事故原因的基础上进行。对于工程质量事故，通常可以根据质量问题的情况，给出以下四类不同性质的处理方案：

1. 修补处理

这是最常采用的一类处理方案。通常，当工程的某些部分的质量虽未达到规定的规范、标准或设计要求，存在一定的缺陷，但经过修补后还可达到要求，且不影响使用功能或外观要求时，可以做出进行修补处理的决定。

属于修补处理的具体方案有很多，包括封闭保护、复位纠偏、结构补强、表面处理等。例如某些混凝土结构表面出现蜂窝麻面，经调查、分析，该部位在修补处理后，不会影响其使用及外观；某些结构混凝土发生表面裂缝，根据其受力情况，仅做表面封闭保护即可；等等。

2. 返工处理

在工程质量未达到规定的标准或要求，有明显的严重质量问题，对结构的使用和安全有重大影响，而又无法通过修补的办法纠正所出现缺陷的情况下，可以做出返工处理的决定。例如某防洪堤坝在填筑压实后，其压实土的干密度未达到规定的要求干密度值，核算将影响土体的稳定和抗渗要求，可以进行返工处理，即挖除不合格土，重新填筑。又如某工程预应力按混凝土规定张力系数为 1.3，但实际仅为 0.8，属于严重的质量缺陷，也无法修补，则须做出返工处理的决定。十分严重的质量事故甚至要做出整体拆除的决定。

3. 限制使用

在工程质量事故按修补方案处理无法保证达到规定的使用要求和安全指标，而又无法返工处理的情况下，可以做出诸如结构卸荷或减荷及限制使用的决定。

4. 不做处理

某些工程质量事故虽然不符合规定的要求或标准，但如其情况不严重，对工程或结构的使用及安全影响不大，经过分析、论证和慎重考虑后，也可做出不做专门处理的决定。可以不做处理的情况一般有以下几种：

（1）不影响结构安全和正常使用。例如有的工业建筑物出现放线定位偏差，且严重超过规范标准规定，如要纠正会造成重大经济损失，若经过分析、论证其偏差不影响生产工艺和正常使用，在外观上也无明显影响，可不作处理。又如某些隐蔽部位结构混凝土表面裂缝，经检查分析，属于表面养护不够的干缩微裂，不影响使用及外观，也可不做处理。

（2）有些质量问题，经过后续工序可以弥补。例如混凝土墙表面轻微麻面，可通过后续的抹灰、喷涂或刷白等工序弥补，也可不做专门处理。

（3）经法定检测单位鉴定合格。例如某检验批混凝土试块强度值不满足规范要求，强度不足，在法定检测单位对混凝土实体采用非破损检验等方法测定其实际强度已达规范允许和设计要求值时，可不做处理。对经检测未达要求值，但相差不多，经分析论证，只要使用前经再次检测达设计强度，也可不做处理，但应严格控制施工荷载。

（4）出现的质量问题，经检测鉴定达不到设计要求，但经原设计单位核酸，仍能满足结构安全和使用功能。例如某一结构构件截面尺寸不足，或材料强度不足，影响结构承载力，但经按实际检测所得截面尺寸和材料强度复核验算，仍能满足设计的承载力，可不进行专门处理。这是因为一般情况下，规范标准给出了满足安全和功能的最低限度要求，而设计往往在此基础上留有一定余量，这种处理方式实际上是挖掘了设计潜力或降低了设计的安全系数。监理工程师应牢记，不论哪种情况，特别是不做处理的质量问题，均要备好必要的书面文件，对技术处理方案、不做处理结论和各方协商文件等有关档案资料认真组织签认。对责任方应承担的经济责任和合同中约定的罚则应正确判定。

（二）选择最适用工程质量事故处理方案的辅助方法

对工程质量事故处理的决策是一项复杂而重要的工作，直接关系到工程的质量、费用与工期。因此，要做出对质量事故处理的决定，特别是对需要返工或不做处理的决定，应当慎重对待。在对某些复杂的质量事故做出处理决定前，可采取以下方法做进一步论证。

1. 试验验证

即对某些有严重质量缺陷的项目，可采取合同规定的常规试验以外的试验方法进行验证，以便确定缺陷的严重程度。例如混凝土构件的试件强度低于要求的标准不太大（如10%以下）时，可进行加载试验，以证明其是否满足使用要求；又如公路工程的沥青面层厚度误差超过了规范允许的范围，可采用弯沉试验，检查路面的整体强度等。根据对试验验证数据的分析、论证，再研究处理决策。

2. 定期观测

有些工程，在发现其质量缺陷时，其状态可能尚未达到稳定，仍会继续发展，在这种情况下，一般不宜过早作出决定，可以对其进行一段时间的观测，然后再视情况而定。属于这类的质量缺陷，如桥墩或其他工程的基础，在施工期间发生沉降超过预计的或规定的标准；混凝土或高填土发生裂缝，并处于发展状态等。有些有缺陷的工程，短期内其影响可能不是十分明显，需要较长时间的观测才能得出结论。

3. 专家论证

对于某些工程缺陷，可能涉及的技术领域比较广泛，则可采取专家论证的方法。采用这种办法时，应事先做好充分准备，尽早为专家提供尽可能详尽的情况和资料，以便专家能够较充分、全面、细致地分析和研究，提出切实的意见与建议。实践证明，采取这种方法，对重大质量问题的处理十分有益。

（三）方案比较

方案比较是常用的一种方法。同类型和同一性质的事故可先设计多种处理方案，然后结合当地的资源情况、施工条件等逐项给出权重，进行对比，从而选择具有较高处理效果又便于施工的处理方案。例如结构构件承载力达不到设计要求，可采用改变结构构造来减少结构内力、结构卸荷或结构补强等不同处理方案，可将其每一方案按经济、工期、效果等指标列项并分配相应权重值，进行对比，辅助决策。

五、建设工程质量事故处理的鉴定验收

监理工程师应通过组织检查和必要的鉴定，对质量事故的技术处理是否达到了预期目的，消除了工程质量不合格和工程质量问题，是否仍留有隐患等进行验收并予以最终确认。

（一）检查验收

工程质量事故处理完成后，监理工程师在施工单位自检合格报验的基础上，应严格按施工验收标准及有关规范的规定进行，结合监理人员的旁站、巡视和平行检验结果，依据质量事故技术处理方案设计要求，通过实际量测，对各种资料数据进行验收，并应办理交工验收文件，组织各有关单位会签。

（二）必要的鉴定

为确保工程质量事故的处理效果，凡涉及结构承载力等使用安全和其他重要性能的处理工作，常须做必要的试验和检验鉴定工作。常见的检验工作包括：混凝土钻芯取样，用于检查密实性和裂缝修补效果，或检测实际强度；结构荷载试验，确定其实际承载力；超声波检测焊接或结构内部质量；池、罐、箱柜工程的渗漏检验等。检测鉴定必须委托政府批准的有资质的法定检测单位进行。

（三）验收结论

对所有质量事故，无论经过技术处理通过检查鉴定验收，还是不须专门处理的，均应有明确的书面结论。若对后续工程施工有特定要求，或对建筑物使用有一定限制条件，应在结论中提出。

验收结论通常有以下几种：

1. 事故已排除，可以继续施工。

2. 隐患已消除，结构安全有保证。

3. 经修补处理后，完全能够满足使用要求。

4. 基本上满足使用要求，但使用时应有附加限制条件，例如限制荷载等。

5. 对耐久性的结论。

6. 对建筑物外观影响的结论。

7. 对短期内难以做出结论的，可提出进一步观测检验意见。

对于处理后符合《建筑工程施工质量验收统一标准》规定的，监理工程师应予以验收、确认，并应注明责任方主要承担的经济责任。对经加固补强或返工处理仍不能满足安全使用要求的分部工程、单位（子单位）工程，应拒绝验收。

第一节　建筑工程项目安全管理概述

一、建筑工程项目安全及安全生产

（一）安全及安全生产的概念

安全是指没有危险、不出事故的状态。安全包括人身安全、设备与财产安全、环境安全等。通俗地讲，安全就是指安稳，即人的平安无事、物的安稳可靠、环境的安定良好。

安全生产是指在劳动生产过程中，通过努力改善劳动条件、克服不安全因素、防止伤亡事故发生，使劳动生产在保障劳动者安全健康和国家财产不受损失的前提下顺利进行。

（二）建筑工程施工及施工安全生产的特点

1. 建筑工程施工的特点

（1）流动性

建筑产品的固定性决定了建筑施工的流动性。由于产品的固定性，生产者和生产设备不仅要随着建筑物建造地点的变动而变动，还要随着建筑物的施工部位变动。施工队伍中的人员流动也相当大，总有新的工人加入施工队伍中，且他们的技术水平和安全意识参差不齐。

（2）周期长

建筑产品的庞大性决定了建筑施工的周期长。由于产品的庞大性，在建造过程中要投入大量的劳动力、材料、机械等；同时，建筑施工还受到工艺流程和施工程序的制约，各专业、各工种之间必须按照合理的施工顺序进行配合和衔接，因而施工周期较长。

（3）单件性

建筑产品的多样性决定了建筑施工的单件性。由于产品的多样性，不同的甚至相同的建筑物，在不同地区、不同季节、不同现场的条件下，其施工准备工作、施工工艺和施工方法等也不尽相同。

（4）复杂性与先进性

建筑产品的综合性决定了建筑施工的复杂性。建筑施工涉及面广，除建筑力学、建筑结构、建筑构造、地基基础、机械设备、建筑材料等学科外，还涉及城市规划、勘察设计、消防、环境保护等社会各部门的协调配合，这些造成了建筑施工的复杂性。

为提高劳动生产率，技术人员总是在不断地采取新技术、新设备，施工人员总是在不断地接受新技术、新设备，而熟练掌握新技术、新设备需要一定过程。

（5）高空作业多、手工操作多、体力消耗大、受气候影响大

建筑产品体积庞大，整个房屋的高度达几十米甚至几百米，建筑工人要在高空从事露天作业，受气候的影响相当大。尽管有许多先进技术应用于建筑施工，机械设备代替了许多手工劳动，但从整体建设活动来看，手工操作所占的比重仍然很高，工人的体力消耗很大，劳动强度相当高。

2. 建筑施工安全生产的特点

（1）产品的固定性导致作业环境的局限性

建筑产品位于一个固定的位置，这导致必须在有限的场地和空间上集中大量的劳动力、材料、机具来进行交叉作业，也导致作业环境的局限性，因而容易发生物体打击等伤亡事故。

（2）露天作业导致作业条件恶劣

建筑施工大多数在露天空旷的场地上完成，这导致工作环境相当艰苦，容易发生伤亡事故。

（3）产品体积庞大带来施工作业的高空性

建筑产品的体积十分庞大，操作工人大多在 10 米以上的高处进行作业，因而容易发生高处作业的伤亡事故。

（4）产品流动性大、工人整体素质低，给安全管理带来难度

施工人员流动性大、素质参差不齐，这要求安全管理措施必须及时、到位，这也使施工安全管理难度增大。

（5）手工操作多、体力消耗大、强度高带来个体劳动保护的艰巨性

在恶劣的作业环境下，施工工人的手工操作多、体能耗费大，劳动时间和劳动强度都比其他行业要大，职业危害严重，这带来个体劳动保护的艰巨性。

（6）产品多样性、施工工艺多变性的要求带来安全措施和安全管理措施的保证性

由于建筑产品具有多样性，施工工艺具有多变性，如一栋建筑物从基础、主体至竣工验收，各道施工工序均有其不同的特性，因而安全的因素各不相同。故而，随着工程建设的进行，施工现场的不安全因素也在变化。同时，施工单位必须根据工程建设进度和施工现场的情况不断地及时地采取安全技术措施和安全管理措施予以保证。

（7）施工场地窄小带来多工种的立体交叉性

随着城市用地的紧张，建筑由低向高发展、施工现场由宽到窄发展，这使施工场地与施工条件的矛盾日益突出，多工种交叉作业增加，这也导致机械伤害、物体打击事故增多。

（8）拆除工程潜在危险带来作业的不安全性

随着旧城改造的深入，拆除工程数量随之加大，而原建筑物施工图纸很难找到，不断地加层或改变结构使原体系性质发生变化，这带来作业的不安全性，容易导致拆除工程倒塌事故的发生。

建筑施工及施工安全生产的上述特点，决定了施工生产的安全隐患多存在于高处作业、交叉作业、垂直运输、个体劳动保护及电气工具的使用上。同时，超高层、新奇化、个性化的建筑产品的出现，给建筑施工带来了新的挑战，也给建筑工程安全管理和安全防护技术提出了新的要求。

二、建筑工程安全管理

（一）建筑工程安全管理的含义

建筑工程安全管理是指在施工过程中组织安全生产的全部管理活动。安全管

理以国家法律、法规和技术标准等为依据，采取各种手段，通过对生产要素进行过程控制，使生产要素的不安全行为和不安全状态得以减少或消除，达到减少一般事故、杜绝伤亡事故的目的，从而保证安全管理目标的实现。

（二）建筑工程安全管理的手段

安全法规、安全技术、经济手段、安全检查与安全评价、安全教育文化手段是安全管理的五大主要手段。

1. 安全法规，也称劳动保护法规，是保护职业安全生产的政策、规程、条例、规范和制度。其对改善劳动条件、确保职工身体健康和生命安全，维护财产安全，起着法律保护的作用。

2. 安全技术是指在施工过程中为防止和消除伤亡事故或减轻繁重劳动所采取的措施。其基本内容包括预防伤亡事故的工程技术措施。其作用是使安全生产从技术上得到落实。

3. 经济手段是指各类责任主体通过各类保险为自己编制一个安全网，维护自身利益；同时，运用经济杠杆使信誉好、建筑产品质量高的企业获得较高的经济效益，对违章行为进行惩罚。经济手段有工伤保险、建筑意外伤害保险、经济惩罚制度、提取安全费用制度等。

4. 安全检查是指在施工生产过程中，为及时发现事故隐患，排除施工中的不安全因素，纠正违章作业，监督安全技术措施的执行，堵塞漏洞，防患于未然，而对安全生产中容易发生事故的主要环节、部位、工艺完成情况，由专门的安全生产管理机构进行全过程的动态检查，以改善劳动条件，防止工伤事故、设备事故的发生。安全评价是采用系统科学方法，辨别和分析系统存在的危险，并根据其形成事故的风险，采取相应的安全措施。安全评价的基本内容和一般过程是：辨别危险性、评价风险、采取措施、达到安全指标。安全评价的形式有定性安全评价和定量安全评价。

5. 安全教育文化手段是针对行业与企业文化，以宣传教育的方式提高行业人员、企业人员对安全的认识，增强其安全意识。

（三）建筑工程安全管理的特点

1. 管理面广

由于建筑工程规模较大，生产工艺复杂，工序多，不确定因素多，安全管理工作涉及范围大，控制面广。

2. 管理的动态性

建筑工程项目的单件性使得每项工程所处的条件不同，所面临的危险因素和防范措施也不同，有些工作制度和安全技术措施也不同，员工需要有一个熟悉的过程。

3. 管理系统的交叉性

建筑工程项目是开放系统，受自然环境和社会环境的影响很大，安全控制需要把工程系统和环境系统及社会系统结合起来。

4. 管理的严谨性

安全状态具有触发性，其控制措施必须严谨，一旦失控，就会造成损失和伤害。

（四）建筑工程安全管理的必要性

1. 安全生产是企业效益的基础

（1）安全生产与经济效益是辩证统一的关系

首先，安全生产是提高经济效益的基础和保证。其次，良好的经济效益能够更好地促进建筑施工企业安全生产。

（2）安全投入是具有回报性的投资

安全投入不仅仅是一项安全帽、一副手套，还包括安全检验、配备安全人员、安全培训、安全管理制度等。若安全投入到位，其回报将逐渐显现出来。实践证明，许多企业的成功与重视安全投入有关。

2. 安全生产是经济持续健康发展的保证

安全生产不仅与国家的经济增长率、综合国力，国外市场的开拓有重要而紧密的关系，而且安全生产还关系到国民生活水平。

3. 安全生产是保障人权、构建和谐社会的需要

近年来，党和政府一直都在为改善我国的人权状况而不懈努力着。社会生产实践的主体是人，安全生产是尊重人权、构建和谐社会的一个重要组成部分。

三、安全生产的方针与原则

（一）安全生产的方针

安全生产的方针是对安全生产工作的总要求，是安全生产工作的方向。我国的安全生产方针是"安全第一，预防为主，综合治理"。安全第一是原则，预防为主、综合治理是手段和途径。

1. 安全第一的含义

安全第一，就是在生产经营活动中，在处理安全与生产经营活动的关系时，始终将安全放在首位，优先考虑从业人员和其他人员的人身安全，实行安全优先的原则。在确保安全的前提下，努力实现生产的其他目标。

2. 预防为主的含义

预防为主，就是按照系统化、科学化的管理思想，按照事故发生的规律和特点，千方百计地预防事故的发生，做到防患于未然，将事故消灭在萌芽状态。虽然人类在生产活动中还不可能完全杜绝事故的发生，但只要思想重视、预防措施得当，事故是可以减少的。

3. 综合治理的含义

综合治理，就是标本兼治，重在治本。在采取断然措施遏制重大、特大事故，实现安全指标的同时，积极探索和实施治本之策，综合运用科技手段、法律手段、经济手段、教育培训和必要的行政手段，从发展规划、行业管理、安全投入、科技进步、经济政策、教育培训、安全立法、激励约束及追究事故责任、查处违法违纪等方面着手，解决影响制约我国安全生产的历史性、深层次问题，从而做到思想认识警钟长鸣，制度保证严密有效，技术支撑坚强有力，监督检查严格细致，事故处理严肃认真。

（二）安全生产的原则

1. 管生产必须管安全

项目中的各级领导和全体员工在生产过程中，必须坚持在抓好生产的同时抓好安全工作。抓生产必须抓安全的原则是施工项目必须坚持的基本原则，体现了安全与生产的统一。

2. 安全具有否决权

安全工作是衡量项目管理的一项基本内容。其要求在对项目各项指标考核评优创先时，首先考虑安全指标的完成情况，安全指标具有一票否决的作用。

3. 职业安全卫生"三同时"

职业安全卫生"三同时"，是指一切生产性的基本建设和技术改造工程项目，必须符合国家的职业安全卫生方面的法规和标准。职业安全卫生技术措施必须与主体工程同时设计、同时施工、同时投产使用。

4. 事故处理的"四不放过"

国家法律法规要求，企业一旦发生事故，在处理事故时须实施"四不放过"原则。"四不放过"是指在因工伤亡事故的调查处理中，必须坚持，事故原因分析不清"不放过"，事故责任者和群众没有受到教育"不放过"，没有制定防范措施"不放过"，事故责任者和领导没有处理"不放过"。

四、建筑工程项目安全管理的制度

（一）建立职业健康安全生产责任制

建立职业健康安全生产责任制是做好安全管理工作的重要保证。在工程实施前，由项目经理部对各级负责人、各职能部门及各类施工人员在管理和施工过程中应当承担的相应责任做出明确规定，也就是把安全生产责任分解到岗、落实到人，具体表现在以下几方面。

1. 在工程项目施工过程中，必须有符合项目特点的安全生产制度，安全生产制度要符合国家和地方，以及本企业的有关安全生产政策、法规、条例、规范和标准。参加施工的所有管理人员和工人都必须认真执行并遵守制度的规定和要求。

2. 建立、健全安全管理责任制，明确各级人员的安全责任，这是搞好安全管理的基础。从项目经理到一线工人，安全管理应做到纵向到底，一环不漏；从专门管理机构到生产班组，安全生产应做到横向到边，层层有责。

3. 施工项目应通过监察部门的安全生产资质审查，并得到认可。其目的是严格规范安全生产条件，进一步加强安全生产的监督管理，防止和减少安全事故的发生。

4. 一切从事生产管理与操作的人员，都应当依照其从事的生产内容和工种，分别通过企业、施工项目的安全审查，取得安全操作许可证，进行持证上岗。特种工种的作业人员，除必须经企业的安全审查外，还须按规定参加安全操作考核，取得监察部门核发的安全操作合格证。

（二）安全施工组织设计

1. 安全施工组织设计包括：工程概况，控制目标，控制程序，组织机构，职责权限，规章制度，安全施工方案和施工方法，施工进度计划，施工准备，施工平面图，资源配置，安全措施，检查评价，奖惩制度，防火、防盗、不扰民措施，季节性施工安全措施，安全生产注意事项，主要安全技术保障措施，技术经济指标，环境保护等。

2. 安全施工组织设计必须经公司技术负责人、总工程师审批和监理单位审批。

3. 对专业性较强和危险性较大的项目，均要编制相应的专项施工组织设计或安全施工方案，如基坑支护、脚手架、施工用电、模板工程、"安全三宝""四口"防护、塔吊、物料提升机、人货两用电梯等安全施工方案。

4. 施工安全技术措施和方案要有针对性。

（1）施工安全技术措施和方案的编制依据。国家和政府有关部门安全生产的法律、法规和有关部门规定，技术标准、规范，安全技术规程，安全管理规章制度。

（2）施工安全技术措施和方案的编制原则。施工安全技术措施和方案的编制，必须考虑现场的实际情况、施工特点及周围作业环境，措施要有针对性。凡施工过程中可能发生的危险因素及建筑物周围外部环境不利因素等，都必须从技术上采取具体有效的措施予以预防。同时，安全技术措施和方案必须有设计、计算、详图、文字说明。

（3）施工安全技术措施和方案的编制内容。其包括：深基坑、桩基础施工与土方开挖方案，工程临时用电方案，结构施工临边、洞口及交叉作业、施工防护安全技术措施，塔式起重机、施工外用电梯、垂直提升架等安装与拆除安全技术方案，大模板施工安全技术方案，脚手架及卸料平台安全技术方案，钢结构吊装安全技术方案，防水施工安全技术方案，设备安装安全技术方案，新工艺、新技术、新材料施工安全技术方案，防火、防毒、防爆、防雷安全技术措施，临街防护、临近外架供电线路、地下供电、供气、通风、管线毗邻建筑物防护等安全技术措施，主体结构、装修工程安全技术方案，群塔作业安全技术措施，中小型机械安全技术措施，安全网的架设范围及管理要求，冬期、雨期施工安全技术措施，场内运输道路人行通道的布置等。

（4）单位工程安全技术措施。对于结构复杂、危险性大、特性较多的特殊工程，应单独编制安全技术方案，如爆破作业、大型吊装、沉箱、沉井、烟囱、水塔、各种特殊架设作业、高层脚手架、井架和拆除工程等，必须单独编制安全技术方案，并要有设计依据。

（三）安全技术交底

职业健康安全技术交底是指导工人安全施工的技术措施，是项目职业健康安全技术方案的具体落实。职业健康安全技术交底一般由技术管理人员根据分部分项工程的具体要求、特点和危险因素编写，是操作者的指令性文件，因而其要具体、明确、针对性强，不得用施工现场的职业健康安全纪律、职业健康安全检查等制度代替。在进行工程技术交底的同时进行职业健康安全技术交底。

1. 安全技术交底的组织。设计图技术交底由公司工程部负责，向项目经理、技术负责人、施工队长等有关部门及人员交底。各工序、工种由项目责任工长负责向各班组长交底。

2. 安全技术交底的基本要求。项目经理部必须实行逐级安全技术交底制度，纵向延伸到班组全体作业人员；技术交底必须具体、明确、针对性强；技术交底的内容应针对分部分项工程施工中给作业人员带来的潜在危害和存在问题；技术交底应优先采用新的技术措施；应将工程概况、施工方法、施工程序、安全技术措施等，向工长、班组长进行详细交底；在技术安全方面定期向由两个以上作业队组成的和多工种进行交叉施工的作业队伍，进行书面交底；保存书面安全技术交底签字记录。

3. 项目经理部技术交底的重点

（1）图纸中各分部分项工程的部位及标高、轴线尺寸、预留洞、预埋件的位置、结构设计意图等有关说明。

（2）施工操作方法，对不同工种要分别交底，施工顺序和工序间的穿插、衔接要详细说明。

（3）新结构、新材料、新工艺的操作工艺。

（4）冬期、雨期施工措施及在特殊施工中的操作方法、注意事项、要点等。

（5）对原材料的规格、型号、标准和质量要求。

（6）各种混合材料的配合比添加剂要求详细交底。

（7）各工种、工序穿插交接时可能发生的技术问题预测。

（8）凡发现未进行技术底而施工者，罚款 500~1000 元。

4. 交底方法。技术交底可以采用会议口头形式、文字图表形式，甚至示范操作形式，视工程施工复杂程度和具体交底内容而定。各级技术交底应有文字记录。关键项目、新技术项目应作文字交底。安全技术交底的主要内容包括以下几项。

（1）该工程项目的施工作业特点和危险点。

（2）针对危险点的具体预防措施。

（3）应注意的安全事项。

（4）相应的安全操作规程和标准。

（5）发生事故后应及时采取的避难和急救措施。

（四）进行职业健康安全教育培训

认真搞好职业健康安全教育培训是职业健康安全管理工作的重要环节，是提高全员职业健康安全素质、职业健康安全管理水平和防止事故，从而实现职业健康安全生产的重要手段。应建立三级安全教育制度，并认真执行。三级安全教育是指公司教育、项目部教育、班组教育。三级教育的内容应包括国家和地方性法规、公司安全制度、安全操作规程、劳动纪律等内容。对新进场的工人要进行三级教育，考核后方能上岗，工人工种变换时也应进行安全教育。在特定情况下要进行安全教育。特定情况包括季节性改变、节假日前后、工作对象改变、工作环境改变、工种变换、采用新技术设备、发现事故隐患等。安全教育培训要有相应的教育培训记录。施工管理人员要按规定进行年度培训考核。

（五）安全检查

职业健康安全检查是消除隐患、防止事故、改善劳动条件及提高员工安全生产意识的重要手段，是职业健康安全管理措施中的一项重要内容。安全检查可以发现工程中的危险因素，以便有计划地采取措施，保证安全生产。施工项目的安全检查应由项目经理组织，定期进行。

1. 职业健康安全检查的分类

职业健康安全检查可分为日常性检查、专业性检查、季节性检查、节假日前后检查和不定期检查。

2. 职业健康安全检查的主要内容

（1）查思想。其主要检查企业领导和职工对安全生产工作的认识。

（2）查管理。其主要检查工程的安全生产管理是否有效。主要内容包括安全生产责任制、安全技术措施计划、安全组织机构、安全保证措施、安全技术交底、安全教育、持证上岗、安全设施、安全标志、操作规程、违规行为和安全记录等。

（3）查隐患。其主要检查作业现场是否符合安全生产、文明生产的要求。

（4）查整改。其主要检查过去提出问题的整改情况。

（5）查事故处理。其主要检查对安全事故的处理是否达到查明事故原因、明确责任并对责任者做出处理、明确和落实整改措施等要求。同时，还应检查对伤亡事故是否及时报告、认真调查、严肃处理。

3. 职业健康安全检查的方法

随着职业健康安全管理科学化、标准化、规范化的发展，目前职业健康安全检查基本上都采用职业健康安全检查表及其一般方法，进行定性、定量的职业健康安全评价。

（1）职业健康安全检查表是一种初步的定性分析方法。它通过事先拟定的职业健康安全检查明细表或清单，对职业健康安全生产进行初步的诊断和控制。

（2）职业健康安全检查的一般方法主要是看、量、测、现场操作等。看：主要查看管理资料、上岗证、现场标志、交接验收资料、"安全三宝"使用情况、"洞口"防护情况、"临边"防护情况、设备防护装置等；量：主要是用尺实测实量；测：用仪器、仪表进行实地测量；现场操作：由司机对各种限位装置进行实际运作，检验其灵敏程度。

（六）班前安全活动

必须建立班前活动制度，班前活动必须有针对性。各班组在当班前必须检查工作环境、安全条件、机械设备安全防护装置、个人防护用品等。每个班组都应有各自的活动记录本，记录当天的活动内容。

（七）特种作业上岗

建筑行业特种作业人员包括：电工、架子工、电（气）焊工、爆破工、机械操作工（平刨、圆锯盘、钢筋机械、搅拌机、打桩机等）、起重工、司炉工、塔吊司机及指挥人员、物料提升机（龙门架、井架）司机、外用电梯（人货两用电梯）司机、信号员、场内车辆驾驶员、砌筑机械拆装作业人员等。从事特种作业的人员必须有安全培训上岗证。特种作业人员应按要求进行考核。

（八）工伤事故

1. 在施工现场应建立工伤事故登记制度，对工伤事故必须按"四不放过"原则进行处理，即：事故原因不清楚"不放过"，事故责任者和群众没有受到教育"不放过"，有关责任人得不到处理"不放过"，没有制定防范措施"不放过"。

2. 现场无论有无伤亡事故，均需如实填写伤亡事故月报表，在规定时间内上报公司安全部门。

3. 事故发生后，事故发生单位应严格保护事故现场，采取有效措施抢救人员和财产，防止事故扩大。事故发生后，应该及时上报有关部门，并组织有关人员进行调查分析，写出事故调查分析处理报告，呈报有关部门。

（九）安全标志

1. 施工现场的安全标志牌不得集中挂在同一位置。

2. 安全标志牌现场挂置位置应与现场平面图位置一致。

3. 主要施工部门、作业点和危险区域及主要通道口均应挂设相关的安全标志。悬挂高度以距离地面 2.5~3.5 m 为宜。

4. 施工机械设备应随机挂设安全操作规程。

5. 施工现场使用的安全色，必须符合有关规定（安全色有四种颜色，即红色——禁止、停止；黄色——警告；蓝色——指令；绿色——指示、安全）。

6. 施工现场的各种防护栏，在一般情况下用红白相间的颜色，也可用黑黄相间的颜色，同一工地要统一使用。

（十）安全资料建档

现场安全资料应由安全资料员或安全负责人收集管理，并应做到以下几点要求。

1. 及时认真收集，积累和分类编制。

2. 对资料定期进行整理和鉴定，确保资料的真实性、完整性和价值性。

3. 要分科目装订成册，进行标志、编目和立卷存档。

4. 切忌编造。

第二节　建筑工程项目现场安全管理

一、建筑工程项目安全管理机构及职责

（一）施工企业安全管理机构

施工现场应按建设工程规模设置安全生产管理机构或配专职安全生产管理

员，建筑工程项目应当成立以施工总承包单位项目经理负责的安全生产管理小组，小组成员应包括企业派驻到项目的专职安全生产管理人员，并建立由施工总承包单位项目经理部、各专业承包单位、专业公司和施工作业班组参与的"纵向到底，横向到边"的安全生产管理组织网络。

按《建设工程安全生产管理条例》的规定，施工单位应设立各级安全生产管理机构，配备专职安全生产管理人员。安全生产管理机构和专职安全生产管理人员是指协助施工单位各级负责人执行安全生产管理方针、政策和法律法规，实现安全管理目标的具体工作部门和人员。施工单位应设立各级安全生产管理机构，配备与其经营规模相适应的、具有相关技术职称的专职安全生产管理人员，在相关部门设兼职安全生产管理人员，在班组设兼职安全员。施工单位各管理层次应设安全生产管理机构，配备专职安全生产管理人员。

（二）施工企业安全生产管理机构的职责

1. 项目经理的安全职责

（1）认真贯彻安全生产方针、政策、法规和各种制度，制定和执行安全生产管理办法，严格执行安全考核指标和安全生产奖惩办法，严格执行安全技术措施审批和安全技术措施交底制度。

（2）定期组织安全生产检查和分析，针对可能产生的安全隐患，制定相应的预防措施。

（3）当施工过程中发生安全事故时，项目经理必须按安全事故处理的有关规定和程序及时上报与处理，并制定防止同类事故再次发生的措施。

2. 建筑工程实行工程总分包时，承包人对分包人的安全职责

（1）审查分包人的安全生产许可证、企业资质和安全管理体系，不应将工程分包给不具备安全生产许可证和不具备企业资质的分包人。

（2）在分包合同中应明确分包人的安全生产责任和义务。

（3）对分包人提出安全要求，并认真监督、检查。

（4）对违反安全规定冒险蛮干的分包人，应令其停工整改。

（5）承包人应统计分包人的伤亡事故，按规定上报，并按分包合同的约定协助处理分包人的伤亡事故。

3. 建设工程实行工程总分包时分包人的安全责任

（1）分包人对施工现场的安全工作负责，认真履行分包合同规定的安全生产责任。

（2）遵守承包人的有关安全生产制度，服从承包人的安全生产管理，及时向承包人报告伤亡事故并参与调查，处理善后事宜。

4. 施工单位项目经理部项目总工程师的安全职责

（1）对建设工程安全生产承担技术责任。

（2）贯彻执行安全生产法律法规与方针政策，严格执行施工安全技术规程、规范、标准。

（3）结合工程项目的特点，主持工程项目施工安全策划，识别、评价施工现场危险源与环境因素，参加或组织编制安全施工组织设计（专项施工方案）、工程施工安全计划；审查安全技术措施，保证其可行性与针对性，并随时检查、监督、落实及主持工程项目的安全技术交底。

（4）在主持制订技术措施计划和季节性施工方案的同时，制定相应的安全技术措施并监督执行，及时解决执行中出现的问题；工程项目应用新材料、新技术、新工艺时要及时上报，经批准后方可实施；要组织上岗人员的安全技术教育培训，认真执行相应的安全技术措施与安全操作工艺、要求。

（5）主持安全防护设施和设备的验收。若发现安全防护设施和设备出现不正常情况，应及时采取措施，严格控制不符合要求的安全防护措施、设备投入使用。

（6）参加安全检查，对施工中存在的不安全因素，从技术方面提出整改意见和办法予以消除。

（7）参加和配合对因工伤亡、严重安全隐患的调查，从技术角度分析事故的原因，提出防范措施与意见。

5. 安全员的安全职责

（1）进行施工现场安全生产巡视督查，并做好记录。

（2）落实安全设施的设置。

（3）对施工全过程的安全进行监督，纠正违章作业，配合有关部门排除安全隐患，组织安全教育和安全活动，监督劳保用品的质量和正确使用。

6. 作业队长的安全职责

（1）向作业人员进行安全技术交底，组织实施安全技术措施。

（2）对施工现场安全防护装置和设施进行验收。

（3）对作业人员进行安全操作规程培训，增强作业人员的安全意识，避免安全隐患。

（4）当发生重大伤亡事故时，应保护现场，立即上报并参与事故调查处理。

7. 班组长的安全职责

（1）安排生产施工任务时，向本工种作业人员进行安全技术措施交底。

（2）严格执行本工种安全操作技术规程，拒绝违章指挥。

（3）作业前应对本次施工的所有机具、设备、防护用具及作业环境进行安全检查，消除安全隐患，检查安全标牌是否按规定设置，标识方法和内容是否正确完整。

（4）组织班组开展安全活动，召开上岗前的安全会议。

（5）每周进行安全讲评。

8. 操作工人的安全职责

（1）认真学习并严格执行安全技术操作规程，不违规作业。

（2）自觉遵守安全生产规章制度，执行安全技术交底和有关安全生产的规定。

（3）服从安全人员的指导，积极参加安全活动。

（4）爱护安全设施，正确使用防护用具。

（5）对不安全作业提出建议，拒绝违章指挥。

二、建筑工程项目安全管理的程序与基本要求

（一）建筑工程项目安全管理的程序

1. 项目安全目标的确定

按目标管理方法，将安全目标在以项目经理为中心的项目管理系统内进行分解，从而确定各岗位的安全目标，实现全员安全控制。

2. 项目安全计划的编制

对生产过程中的不安全因素，用技术手段加以消除和控制，并用文件化的方式表示，这是落实"预防为主"方针的具体体现，是进行工程项目安全控制的指导性文件。

3. 安全计划的落实和实施

建立健全安全生产责任制，设置安全生产设施，进行安全教育和培训，沟通和交流信息，通过安全控制，使生产作业的安全状况处于受控状态。

4. 安全计划的检查

根据实际情况补充和修改安全技术措施。

5. 持续改进

持续改进，直到完成工程项目的所有工作。

（二）建筑工程项目安全管理的基本要求

1. 施工单位必须取得安全行政主管部门颁发的《安全生产许可证》后才可开工。

2. 施工总承包单位和每一个分包单位都应持有《施工企业安全资格审查认可证》。

3. 各类人员必须具备相应的执业资格才能上岗。

4. 所有新员工必须经过三级安全教育，即进公司、进项目部和进班组的安全教育。

5. 特殊工种作业人员必须持有特种作业操作证，并严格按规定定期进行复查。

6. 对查出的安全隐患要做到"五定"，即定整改责任人、定整改措施、定整改完成时间、定整改完成人、定整改验收人。

7. 必须把好安全生产"六关"，即措施关、交底关、教育关、防护关、检查关、改进关。

8. 施工现场安全设备齐全，符合现行国家及地方的有关规定。

9. 施工机械（特别是现场安设的起重设备等）必须经安全检查合格后才能使用。

三、建筑工程项目现场安全计划

（一）建筑工程项目现场安全计划的概念

建筑工程项目现场安全计划，简称安全计划，是施工项目安全策划结果的一项管理文件。安全计划主要是针对特定的施工项目，为完成预定的安全目标，编制专门的安全措施、资源和活动顺序的文件。

（二）建筑工程项目现场安全计划的内容

根据建筑工程项目安全管理原理，建筑工程项目安全计划包括编制实现安全目标及安全要求的计划、实施、检查及处理四个环节的相关内容，即 PDCA 循环。一般而言，安全计划的内容包括以下几项。

1. 项目安全目标。

2. 实施安全目标所规定的相关部门、岗位的职责和权限。

3. 危险源与环境因素识别、评价、论证的结果和相应的控制方式。

4. 适用法律法规、标准规范和其他要求的识别结果。

5. 实施阶段有关各项要求的具体控制程序和方法。

6. 检查、审核和改进活动安排及相应的运行程序和准则。

7. 实施、控制和改进安全管理体系所需的资源。

8. 安全控制程序、规章制度、施工组织设计、专项施工方案、专项安全技术措施及安全记录。

9. 为满足安全目标所采取的其他措施。

（三）建筑工程项目现场安全计划的编制步骤

建筑工程项目现场安全计划应由施工现场项目经理主持，负责安全、技术、工艺和采购方面的有关人员参与编制。安全计划的编制过程实际是各项安全管理和安全技术的优化组合和接口的协调过程。编制安全计划的步骤如下。

1. 明确工程概况

包括建设工程组成状况及其建设阶段划分、每个建设阶段的工程项目组成状况、每个工程项目的单项工程组成状况等。

2. 明确安全控制程序

包括确定建设工程施工总安全目标、编制安全计划、实施安全计划、验证安全计划、持续改进安全计划和兑现合同承诺。

3. 明确安全控制目标

包括建设工程施工总安全目标，每个工程项目安全目标，每个工程项目的单项工程、单位工程和分部分项工程安全目标。

4. 确定安全管理组织结构和职责权限

包括安全管理组织机构形式、安全组织管理层次、职责和权限、安全管理人员、安全管理的规章制度等。

5. 确保安全资源配置

包括安全资源名称、规格、数量和使用部位，并将其列入资源总需要量计划。

6. 制定安全技术措施

包括防火、防毒、防爆、防洪、防尘、防雷击、防塌陷、防物体打击、防溜车、防机械伤害、防高空坠落和防交通事故、防寒、防暑、防疫和防污染环境等各项措施。

7. 落实安全检查评价和奖励

包括安全检查日期、安全人员组成、安全检查内容、安全检查方法、安全检查记录要求的确定，安全检查结果的评价，安全检查报告的编号，安全施工优胜者的奖励等。

四、建筑工程项目现场安全控制

建筑工程项目现场安全控制的内容就是对施工生产中人的不安全行为、物的不安全状态、作业环境的不安全因素和管理缺陷的控制，以及对施工现场的环境的控制。从建筑工程的形成过程来看，建筑工程项目安全控制包括施工准备阶段的安全控制和施工过程阶段的安全控制。

（一）建筑工程项目施工准备阶段安全控制的手段

1. 审核技术文件、报告和报表

（1）施工组织设计（专项施工方案）或施工安全计划，是控制工程施工安全的、可靠的技术措施保障。

（2）审核有关应用新技术、新工艺、新材料、新结构等的技术鉴定书，审核其应用申请报告，确保新技术应用的安全。

（3）针对施工工程中需控制的活动，制定或确认必要的施工组织设计、专项施工方案、安全程序、规章制度或作业指导书，并组织落实。

2. 实施工程合约化管理

在不同的承包模式下，制定相互监督的合约化管理，签订安全生产合同和协议书并组织落实。合约化管理是双方严格执行安全生产和劳动保护的法律法规，其强化安全生产管理，逐步落实安全生产责任制，依法从严治理施工现场，确保施工人员的安全与健康，促使施工生产的顺利进行。

（二）建筑工程项目施工过程阶段安全控制的手段

1. 审核安全技术文件、报告和报表

安全技术文件、报告和报表的审核，是对建筑工程施工安全进行全面控制的重要手段。审核的具体内容包括：有关技术证明文件，专项施工方案的安全技术措施，有关安全物资的检验报告，反映工序控制的图表，有关新工艺、新材料、新技术的鉴定资料，有关工序检查、验收的资料，有关安全问题的处理报告，现场有关安全技术签证、文件等。

2. 现场安全检查和监督

（1）现场安全检查的内容。现场安全检查，主要是对工序施工进行跟踪监督、检查与控制。在工序施工过程中，监督并检查机械设备、材料、施工方法和工艺或操作，以及施工现场条件等是否处于良好状态，是否符合保证工程施工的要求，若发现有问题应及时纠正和加以控制。对于重要的和对工程施工安全有重大影响的工序、工程部位、活动，还应由专人监控。对安全技术资料进行检查，确保各项安全管理制度的有效落实。

（2）现场安全检查的类型、方式和要求。安全检查的类型主要包括日常安全检查、定期安全检查、专业性安全检查、季节性及节假日后安全检查等。

根据本工程项目施工生产的特点，法律法规、标准规范和企业规章制度的要求及安全检查的目的，项目经理应确定安全检查的内容，包括安全意识、安全制度、机械设备、安全设施、安全教育培训、操作行为、劳保用品使用、安全事故处理等项目。

项目经理应根据安全检查的形式和内容，明确检查的牵头和参与部门及专业人员并进行分工；根据安全检查的内容，确定具体的检查项目及标准和评分方法。同时，编制相应的安全检查评分表，按检查评分表的规定逐项对照评分，并做好具体的记录。

3. 安全隐患的处理

安全隐患的处理应符合下列规定：

（1）项目经理部应区别"通病""顽症"和首次出现、不可抗拒等类型，修订和完善安全整改措施。

（2）项目经理部应对检查出现的隐患立即发出安全隐患整改通知单，受检查单位应对安全隐患进行分析，制定预防措施，纠正和预防措施应经检查单位负责人批准后实施。

（3）安全生产管理人员应向负责人当场指出检查中发现的违章指挥和违章作业行为，限期纠正。

（4）安全生产管理人员对纠正和预防措施过程和实施效果应进行跟踪检查，保存验证记录。

4. 工地例会和安全专题会议

工地例会是施工过程中参加建设项目各方沟通情况、解决分歧、达成共识、做出决定的主要渠道。通过工地例会，项目负责人检查分析施工过程中的安全状况，指出存在的安全问题，提出整改措施，并做好相应的保证。由于参加例会的人员较多，层次也较高，会上容易就问题的解决达成共识。

针对某些专门安全问题，项目负责人还应组织专题会议，集中解决较重大或普遍存在的问题。

5. 规定安全控制的工作程序

规定必须遵守的安全控制的工作程序，按规定的程序进行工作。

6. 安全生产奖惩制

施工单位应严格执行安全生产责任制中的安全生产奖惩制，确保施工过程中的安全，促使施工生产顺利进行。

第三节　建筑工程项目安全隐患与事故

建筑工程项目安全事故的成因可归结为四类，即人、物、环境、管理。其中，人的不安全行为和物的不安全状态是酿成安全事故的直接原因。

一、人的不安全行为与人的失误

不安全行为是人表现出来的，是与人的心理特征相违背的非正常行为。人在生产活动中，曾引起或可能引起事故的行为，必然是不安全行为。人的自身因素是人的行为外因，是影响人的行为条件，甚至会产生重大影响。

人的失误是指结果偏离规定的目标或超出可接受的界限，并产生不良影响的行为。在生产作业中，人的失误往往是不可避免的。

（一）人的失误具有与人的能力的可比性

工作环境可诱发人的失误。由于人的失误是不可避免的，因此，在生产中凭直觉、靠侥幸是不能长期成功地维持安全生产的。当编制操作程序和操作方法时，侧重地考虑生产和产品条件，忽视人的功能和水平，就有促使人发生失误的可能。

（二）人的失误的类型

随机失误是由人的行为、动作和随机性质引起的人的失误。其与人的心理、生理有关。随机失误往往是不可预测的，也不会重复出现。而系统失误则是由系统设计不足或人的不正常状态引发的人的失误。系统失误与工作条件有关，类似的条件可能引发失误再出现或重复发生。改善工作条件、加强职业训练可以避免系统失误的发生。

（三）人的失误表现

人的失误一般很难预测，例如，遗漏或遗忘现象、把事弄颠倒、没有按要求或规定时间操作、无意识动作、调整错误、进行规定外动作等。

（四）信息处理过程中的失误

此类人的失误现象是人对外界信息刺激反应的失误，与人自身的信息处理过程与质量有关，与人的心理紧张程度有关。人在进行信息处理时，出现失误是客观的倾向。信息处理失误倾向，可能导致人的失误。在对工艺、操作、设备等进行设计时，采取一些预防失误倾向的措施，对克服失误倾向是极为有利的。

（五）心理紧张与人的失误的关联

人的大脑意识水平的降低会直接引起信息处理能力的降低，从而影响人对事物注意力的集中，降低警觉程度。意识水平的降低是发生人的失误的内在原因。经常进行教育、训练，合理安排工作，消除心理紧张因素，控制心理紧张的外部原因，使人保持最优的心理紧张程度，对消除失误现象是十分重要的。

（六）人的失误的致因

造成人的失误的原因是多方面的：有人的自身因素对过负荷的不适应原因，如精神状态不佳、疲劳、疾病时的超负荷操作，以及环境过负荷、心理过负荷等都会使人发生操作失误；也有与外界刺激要求不一致时，出现要求与行为偏差的原因，这种情况下，可能出现信息处理故障和决策错误；还有由于对正确的方法不清楚，有意采取不恰当的行为而出现完全错误的情况。

（七）不安全行为的心理原因

个性心理特征是指个体经常、稳定表现的能力、性格、气质等心理特点的总和。这是在人的先天条件的基础上，在社会条件和具体实践活动的影响下而逐渐形成和发展起来的。一切人的个性心理特征都不会完全相同。人的性格是个性心理的核心，因此，性格能决定人对某种情况的态度和行为。鲁莽、草率、懒惰等性格，往往成为产生不安全行为的心理原因。

二、物的不安全状态和安全技术措施

物是指在生产过程中发挥一定作用的机械、物料、生产对象及其他生产要素的总和。物具有不同的形式、不同的能量，有时会出现能量意外释放，从而引发事故。

由于物的能量释放而引起事故的状态，称为物的不安全状态，这是从能量与人的伤害间的联系所下的定义。如果从事故发生的角度，也可以把物的不安全状态看作曾引起或可能引起事故的物的状态。

在生产过程中，物的不安全状态极易出现。所有的物的不安全状态，都与人的不安全行为或人的操作、管理失误有关。往往在物的不安全状态背后，隐藏着人的不安全行为或人的失误。物的不安全状态既反映物的自身特性，又反映人的素质和人的决策水平。

物的不安全状态的运输轨迹，一旦与人的不安全行为的运动轨迹交叉，就构成事故发生的时间与空间。所以，物的不安全状态是事故发生的直接原因。因此，正确判断物的具体不安全状态，控制其发展，对预防、消除事故有直接的现实意义。

针对生产中物的不安全状态的形成与发展，在进行施工设计、工艺安排、施工组织与具体操作时，采取有效的安全技术措施，把物的不安全状态消除在生产活动进行之前，是安全管理的重要任务之一。

消除生产活动中物的不安全状态，既是生产活动所必需的，又是落实以预防为主的方针的需要，同时，也体现生产组织者的素质状态和工作才能。

三、建筑工程项目施工安全隐患的原因及处理程序

（一）建筑工程项目施工安全隐患的原因

建筑工程项目施工安全隐患是指未被事先识别或未采取必要防护措施的，可

能导致安全事故的危险源或不利环境因素。安全隐患也指对人身构成潜在的伤害，可造成财产损失或兼具这些内容的起源或情况。安全隐患是在安全检查及数据分析时发现的，应利用安全隐患通知单通知负责人制定纠正和预防措施，限期整改，由安全员跟踪验证。

建筑工程项目施工安全隐患如不能及时发现并处理，往往会引起事故。建筑工程项目安全管理的重点之一是加强安全风险分析，并及时制定对策和进行控制，强化对建筑工程项目安全事故隐患的预防和处理，从而避免安全事故的发生。

1. 常见原因

建筑工程施工生产具有产品固定、露天作业、体积庞大、施工周期长、施工流动性大、工人整体素质差、手工作业多、体能消耗大及产品多样性、工艺多样性、施工场地狭窄等特点，其导致施工安全生产作业环境的局限性、作业条件的恶劣性、作业的高空性、个体劳动保护的艰巨性及安全管理与技术的保证性等。这些特性决定了施工生产存在诸多不安全因素，容易导致安全事故的发生。安全事故往往是由多种原因引起的，尽管每次发生的安全事故的类型不相同，但通过大量的调查，并采用系统工程学的原理和数理统计的分析方法，可以发现安全隐患。安全事故的原因首先是违章，其次是设计、勘察不合理、有缺陷及其他原因等。产生安全事故的基本原因有以下几方面。

（1）违章作业、违章指挥和安全管理不到位

由于没有制定安全技术措施、缺乏安全技术知识、不进行逐级安全技术交底，施工单位会出现不落实安全生产责任制、违章指挥、违章作业、施工安全管理工作不到位等问题，从而导致安全事故的发生。

（2）设计不合理与缺陷

安全事故大多是由设计不合理造成的，设计不合理主要包括：不按照法律、法规和工程建设强制性标准进行设计；未考虑施工安全操作和防护的需要，对涉及施工安全的重点部位和环节在设计文件中未注明，未对防范生产安全事故提出指导意见；对采用新结构、新材料、新工艺的建设工程和具有特殊结构的建设工程，未在设计中提出保障施工作业人员安全和预防生产安全事故的措施、建议等。

（3）勘察文件失真

勘察单位未认真进行地质勘察，或勘探时钻孔布置等不符合规定要求，勘察文件或报告不详细、不准确、不能真实全面地反映实际的地下情况等，从而导致基础、主体结构的设计错误，引发重大安全事故。

（4）使用不合格的安全防护用具、安全材料、机械设备、施工机械及配件等

许多建筑工程已发生的安全隐患、安全事故，往往是施工现场使用劣质、不合格的安全防护用具、安全材料、机械设备、施工机械及配件等造成的。因此，为了杜绝和防止不合格的安全物资进入施工现场，施工单位在采购、租赁安全物资时，应查验生产（制造）许可证、产品合格证等。

（5）安全生产资金投入不足

长期以来，建设单位、施工单位为了追求经济效益，置安全生产于不顾，挤占安全生产费用，致使在工程投入中用于安全生产的资金过少，不能保证正常安全生产措施的需要，这也是导致安全事故不断发生的重要原因。

（6）安全事故的应急措施和制度不健全

施工单位及施工现场未制订生产安全事故应急救援预案，未落实应急救援人员、设备、器材等，以致发生生产安全事故后相关人员得不到及时救助，事故得不到及时处理。

（7）违法违规行为

违法违规行为包括无证设计，无证施工，越级施工，边设计边施工，违法分包、转包，擅自修改设计等，其往往会引发大量的安全事故。

（8）其他因素

其他因素包括：工程自然环境因素，如恶劣气候诱发安全事故；工程管理环境因素，如安全生产监督制度不健全、缺少日常的具体监督管理制度和措施；安全生产责任不够明确等。

2. 建筑工程项目施工安全隐患的原因分析方法

由于影响建筑工程项目施工安全隐患的因素众多，一个建筑工程安全隐患的出现，可能是由上述原因之一或多种原因所致，要分析确定是由哪种原因所引起的，必然要对安全隐患的特征、表现，以及其在施工中所处的实际情况和条件进行具体分析。分析的基本步骤如下。

（1）现场调查研究，观察记录全部现象，必要时须拍照，充分了解与掌握引发安全隐患的现象和特征，以及施工现场的环境和条件等。

（2）在施工过程中，收集、调查与安全隐患有关的全部设计资料、施工资料。

（3）在施工过程中，指出可能产生安全隐患的所有因素。

（4）在施工过程中，分析、比较、剖析，找出最可能造成安全隐患的因素。

（5）在施工过程中，进行必要的计算分析并予以认证、确认。

（6）在施工过程中，必要时可征求设计单位、专家等的意见。

（二）建筑工程项目施工安全隐患的处理程序

1. 当发现施工项目存在安全隐患时应立即进行整改，施工单位提出整改方案，必要时应经设计单位认可。

2. 当发现严重安全事故隐患时应暂停施工，并采取安全防护措施与整改方案，报建设单位和监理工程师。整改方案经监理工程师审核后，由施工单位进行整改处理，处理结果应重新进行检查、验收。

安全事故隐患整改处理方案包括以下几项内容。

（1）存在安全事故隐患的部位、性质、现状、发展变化、时间、地点等详细情况。

（2）现场调查的有关数据和资料。

（3）安全事故隐患原因的分析与判断。

（4）安全事故隐患处理的方案。

（5）是否需要采取临时防护措施。

（6）确保安全事故隐患整改责任人、整改完成时间和整改验收人。

（7）该安全事故隐患所涉及的有关人员负责人及预防该安全事故隐患重复出现的措施等。

3. 安全事故隐患整改处理方案获准后，应按既定的整改处理方案实施并进行跟踪检查。

4. 安全事故隐患处理完毕，施工单位应组织人员检查、验收，自检合格后报监理工程师核验，施工单位写出安全事故隐患处理报告，报监理单位存档。其主要内容包括以下几项。

（1）基本整改处理过程描述。

（2）调查和核查情况。

（3）安全事故隐患原因分析结果。

（4）处理的依据。

（5）审核认可的安全隐患处理方案。

（6）实施处理中的有关原始数据、验收记录、资料。

（7）对处理结果的检查、验收结论。

（8）事故安全隐患处理结论。

四、建筑工程项目施工安全事故的分析

（一）建筑工程项目施工安全事故的特点

安全事故是指人们在进行有目的的活动过程中，发生了违背人们意愿的不幸事故，而使其有目的的行为暂时或永久地停止。建筑工程项目施工安全事故，是指在建筑施工现场发生的安全事故，其一般会造成人身伤亡或伤害，或造成财产、设备、工艺等的损失。重大安全事故是指在施工过程中由于责任过失造成工程倒塌或废弃，由于机械设备破坏和安全设施失当造成人身伤亡或重大经济损失的事故；特别重大事故，是指造成特别重大人身伤亡或者巨大经济损失及性质特别严重、产生重大影响的事故，也称为特大事故。建筑工程项目施工安全事故的特点如下：

1. 严重性

施工项目发生安全事故，影响往往较大，会直接导致人员伤亡或财产损失，给人民生命和财产带来严重威胁。近年来，因建筑工程项目施工安全事故死亡的人数和事故数目仅次于交通、矿山安全事故，成为人们关注的热点问题之一。因此，对建筑工程项目施工安全事故隐患决不能掉以轻心，一旦发生安全事故，其造成的损失将无法挽回。

2. 复杂性

施工生产的特点决定了影响建筑工程安全生产的因素很多，造成工程安全事故的原因错综复杂，即使是同一类安全事故，其发生的原因也多种多样。

3. 可变性

许多建筑工程施工中出现的安全事故隐患并不是静止的,而是有可能随着时间而不断地发展、恶化,若不及时整改和处理,往往可能发展成为严重或重大安全事故。因此,在分析与处理建筑工程项目施工安全事故隐患时,要重视安全事故隐患的可变性,应及时采取有效措施,进行纠正、消除,防止其发展、恶化为安全事故。

4. 多发性

施工项目中的安全事故,往往在建筑工程的某部位(或工序,或作业活动)中频繁发生,如物体打击事故、触电事故、高处坠落事故、坍塌事故、起重机械事故、中毒事故等。因此,对多发性安全事故应注意吸取教训、总结经验、采用有效预防措施,加强事前预控、事中控制。

(二)建筑工程项目施工安全事故的分类

1. 按人员伤亡或直接经济损失划分

根据中华人民共和国国务院令《生产安全事故报告和调查处理条例》的规定,按生产安全事故造成的人员伤亡或者直接经济损失,事故一般分为以下等级。

(1)特别重大事故,是指造成30人以上死亡,或者100人以上重伤(包括急性工业中毒,下同),或者1亿元以上直接经济损失的事故。

(2)重大事故,是指造成10人以上30人以下死亡,或者50人以上100人以下重伤,或者5000万元以上1亿元以下直接经济损失的事故。

(3)较大事故,是指造成3人以上10人以下死亡,或者10人以上50人以下重伤,或者1000万元以上5000万元以下直接经济损失的事故。

(4)一般事故,是指造成3人以下死亡,或者10人以下重伤,或者1000万元以下直接经济损失的事故。

2. 按伤亡事故类别划分

根据《企业职工伤亡事故分类》的规定,按直接导致职工受到伤害的原因,伤害方式分类如下。

(1)物体打击,指落物、滚石、锤击、碎裂崩块、碰伤等伤害,包括因爆炸引起的物体打击。

（2）车辆伤害，包括挤、压、撞、倾覆等。

（3）机械伤害，包括绞、碾、碰、割、截等。

（4）超重伤害，指起重设备所引起的伤害或操作过程中作业人员受到的伤害。

（5）触电，包括雷击伤害。

（6）淹溺。

（7）灼烫。

（8）火灾。

（9）高处坠落，包括从架子、屋顶上坠落及从平地坠入地坑等。

（10）坍塌，包括建筑物、堆置物、土石方倒塌。

（11）透水。

（12）火药爆炸，指生产、运输、储藏过程中发生的爆炸。

（13）瓦斯爆炸，包括煤尘爆炸。

（14）锅炉爆炸。

（15）容器爆炸。

（16）中毒和窒息，指煤气、油气、沥青、化学、一氧化碳中毒等。

3. 按事故的原因及性质分类

（1）生产事故。生产事故是指在建筑产品的生产、维修、拆除过程中，操作人员违反操作规程等而直接导致的安全事故。

（2）质量事故。质量事故是指由于不符合规范标准或施工达不到设计要求导致建筑实体存在瑕疵所引发的安全事故。

（3）技术事故。技术事故是指由工程技术原因所导致的安全事故。

（4）环境事故。环境事故是指建筑实体在施工过程或使用过程中，由使用环境或周围环境原因所导致的安全事故。

（三）建筑工程项目施工安全事故的原因及其分析

1. 建筑工程项目施工安全事故的原因

建筑工程项目施工安全事故发生的基本原因主要包括勘察设计失误、施工人员违章作业、施工单位安全管理不到位、安全物资质量不合格、安全生产投入不足等。

对建筑工程项目施工安全事故发生的原因进行分析时，应判断出直接原因、间接原因、主要原因。

（1）直接原因。根据《企业职工伤亡事故分类》的规定，直接导致伤亡事故发生的机械、物资和环境的不安全状态及人的不安全行为，是事故发生的直接原因。

（2）间接原因。教育培训不够、未经培训、缺乏或不懂安全操作知识、劳动组织不合理、没有安全操作规程或安全操作规程不健全、没有事故防护措施或不认真实施事故防护措施、对事故隐患整改不力等原因，是事故发生的间接原因。

（3）主要原因。主要原因是指导致事故发生的主要因素。

2. 建筑工程项目施工安全事故原因的分析

（1）整理和阅读调查材料，根据《企业职工伤亡事故分类》附录的规定，按以下7项内容进行建筑工程项目施工安全事故原因的分析：受伤部位、受伤性质、起因物、致害物、伤害方法、不安全状态、不安全行为。

（2）确定事故的直接原因、间接原因、事故责任者。在分析事故原因时，应根据调查所确认的事实，从直接原因入手，逐步深入到间接原因，从而掌握事故的全部原因。通过对直接原因和间接原因的分析，确定事故中的直接责任者和领导责任者，再根据其在事故发生过程中的作用，确定主要责任者。

（3）制定事故预防措施。根据对事故原因的分析，制定防止类似事故再次发生的预防措施，在防范措施中，应把改善劳动生产条件、作业环境和提高安全技术措施水平放在首位，力求从根本上消除危险因素。

3. 建筑工程项目施工安全事故责任分析

在查清伤亡事故的原因后，必须对事故进行责任分析，目的是使事故责任者、单位领导和广大职工吸取教训、接受教育、进行安全工作。

事故责任分析可以通过事故调查所确定的事实，事故发生的直接原因和间接原因，有关人员的职责、分工及其在具体事故中所起的作用，追究其所应负的责任；按照有关组织人员及生产技术因素，追究最终造成不安全状态的人员的责任；按照有关技术规定的性质、明确程度、技术难度，追究属于明显违反技术规定的人员的责任；对属于未知领域的责任不予追究。

根据对事故应负责任的程度不同，事故责任者可分为直接责任者、主要责任者、重要责任者和领导责任者。对事故责任者的处理，在以教育为主的同时，还必须根据有关规定按情节轻重，分别给予经济处罚、行政处分，直至追究刑事责任。对事故责任者的处理意见形成以后，事故责任企业的有关部门必须尽快办理报批手续。

（四）建筑工程项目施工安全事故处理的依据

进行建筑工程项目安全事故处理的主要依据有四方面，即：安全事故的实况材料；具有法律效力的建筑工程合同，包括工程承包合同、设计委托合同、材料设备供应合同、分包合同及监理合同等；有关的技术文件、档案；相关的建筑工程法律法规、标准及规范。

1. 安全事故的实况材料

（1）施工单位的安全事故调查报告。安全事故发生后，施工单位有责任就所发生的安全事故进行周密的调查、研究来掌握情况，并在此基础上写出调查报告，提交总监理工程师、建设单位和政府有关部门。在调查报告中首先就与安全事故有关的实际情况做详尽的说明，其内容应包括：安全事故发生的时间、地点，对安全事故状况的描述，安全事故发展变化的情况（其范围是否继续扩大，程度是否已经稳定等），有关安全事故的观测记录、事故现场状态的照片或录像。

（2）监理单位现场调查的资料。其内容大致与施工单位调查报告中有关内容相似，可用来与施工单位所提供的情况对照、核实。

2. 有关的技术文件和档案

（1）与设计有关的技术文件

施工图纸和技术说明等设计文件是建筑工程施工的重要依据。在处理安全事故中，其作用是：一方面，可以对照设计文件，核查施工安全生产是否完全符合设计的规定和要求；另一方面，可以根据所发生的安全事故情况，核查设计中是否存在问题和缺陷，是否为导致安全事故的一个原因。

（2）与施工有关的技术文件和资料档案

各类技术资料对于分析安全事故原因、判断其发展变化趋势、推断事故影响及严重程度、考虑处理措施等都是不可缺少的，起着重要的作用。

3. 有关合同及合同文件

安全事故所涉及的合同文件可以是工程承包合同，设计委托合同，设备、器材、材料供应合同，设备租赁合同，分包合同，监理合同等。

有关合同及合同文件在处理安全事故中的作用：确定在施工过程中有关各方是否按照合同有关条款实施其活动，借以探寻发生事故的可能原因。

（五）建筑工程项目施工安全事故的处理程序

安全管理人员应熟悉各级政府建设行政主管部门、处理建筑工程安全事故的基本程序，特别是应把握在建筑工程安全事故处理过程中，如何履行自己的职责。

国家建设行政主管部门归口管理全国工程建设重大事故，省（自治区、直辖市）建设行政主管部门归口管理本行政辖区内的建设工程重大安全事故，市、县级建设行政主管部门归口管理一般建设工程安全事故。

建设工程安全事故调查组由事故发生地的市、县级以上建设行政主管部门或国务院有关主管部门等组织成立。特别重大安全事故调查组的组成由国务院批准；一、二级重大事故由省（自治区、直辖市）建设行政主管部门提出调查组组成意见，报请人民政府批准；三、四级重大安全事故由市、县级建设行政主管部门提出调查组组成意见，报请相应级别的人民政府批准。事故发生单位属国务院部委的，由国务院有关主管部门或其授权部门会同当地建设行政主管部门提出调查组组成意见。

重大安全事故，调查组由省（自治区、直辖市）建设行政主管部门组织；一般安全事故，调查组由市、县级建设行政主管部门组织。

1. 立即抢救，及时上报。施工安全事故（人身伤亡、重大机械事故或火灾、火险等）发生后，施工单位必须立即停止施工，基层施工人员要保持冷静，并立即抢救人员，排除险情，采取必要的措施防止事故扩大，并做好标识，保护好现场。同时，要求发生安全事故的施工总承包单位迅速按安全事故类别和等级向相应的政府主管部门上报，并于 24 h 内写出书面报告。

现场发生火灾时，要立即组织职工进行抢救，并立即向消防部门报告，提供火情和电器、易燃易爆物的情况及位置。

施工安全事故报告应包括以下主要内容。

①事故发生的时间、详细地点、工程项目名称及所属企业名称。

②事故的类别、事故严重程度。

③事故的简要经过、伤亡人数和直接经济损失的初步估计。

④事故发生原因的初步判断。

⑤抢救措施及事故控制情况。

⑥报告人的情况和联系电话。

2. 协助调查，追因定责。施工单位在事故调查组展开工作后，应积极协助，客观地提供相应证据，并对安全事故原因进行分析。通过全面的调查来查明事故经过，弄清楚造成事故的原因，包括人、物、生产管理和技术管理等方面的问题；经过认真、客观、全面、细致、准确的分析，确定事故的性质，以及事故中的直接责任者和领导责任者；再根据其在事故发生过程中的作用确定主要责任者。

3. 制定事故预防措施。根据对事故原因的分析，制定防止类似事故再次发生的预防措施。同时，根据事故后果和事故责任者应负的责任提出处理意见。对于重大未遂事故不可掉以轻心，也应严格认真按上述要求查找原因，分清楚责任，严肃处理。

4. 写出调查报告。调查组应着重把事故发生的经过、原因，责任分析，处理意见，以及本次事故的教训和改进工作的建议等写成报告，经调查组全体人员签字后报批。如调查组内部意见有分歧，应在弄清楚事实的基础上，对照法律法规进行研究，统一认识。个别人仍持有不同意见的允许保留，并在签字时写明自己的意见。

5. 事故的审理和结案

①事故调查处理结论应经有关机关审批后方可结案。伤亡事故处理工作应当在 90 日内结案，特殊情况不得超过 180 日。

②事故案件的审批权限同企业的隶属关系及人事管理权限应一致。

③对事故责任者的处理应根据其情节轻重和损失大小来判断。对主要责任、次要责任、重要责任、一般责任，还是领导责任等按规定给予处分。

④要把事故调查处理的文件、图纸、照片、资料等记录长期完整地保存起来。

6. 记录员工伤亡事故等级。员工伤亡事故登记记录，记录内容包括：员工重伤、死亡事故调查报告书，现场勘察资料（记录、图纸、照片）；技术鉴定和试验资料；物证人证调查材料；医疗部门对伤亡者的诊断结论及影印件；事故调查组人员的姓名、职务并应逐个签字；企业或其主管部门对该事故所做的结案报告；受处理人员的检查材料；有关部门对事故的结案批复等。

第四节　建筑工程机械安全管理

一、吊装机具

（一）绳索

1. 麻绳

（1）原封整卷麻绳拉开再使用，应先把绳卷平放在地上，并将有绳头的一面放在底下，从卷内拉出绳头，根据需要长度切断，麻绳切断后，其断口要用细铁丝或麻绳扎紧，防止断头松散。

（2）麻绳使用前要进行检查，发现表面损伤小于30%直径，局部破损小于截面10%时，要降低负荷使用；如破损严重，应将此部分去掉，重新连接后使用；对于断股及表面损伤大于麻绳直径的30%及腐蚀严重的，应予以报废。

（3）要防止麻绳打结，对某一段出现扭结时，要及时加以调直。当绳不够长时，不宜打结接长，应尽量采用编接方法接长。

（4）正确编接绳头、绳套，编接绳头、绳套时，编接前每股头上应用细绳扎紧，编接后相互搭接长度，绳套不能小于麻绳直径的15倍，绳头接长不小于30倍。

（5）用麻绳捆绑边缘锐利的物体应防损坏，应垫以麻布、木片等软质材料，避免被棱角处损坏。

（6）使用时应将绳抖直，使用中发生扭结也应立即抖直，如有局部损伤的麻绳，应切去损伤部分。

（7）使用中应严禁在粗糙的构件上或地上拖拉，并严防沙、石屑嵌入绳的内部磨伤麻绳。

（8）绳扣结扣要方便、安全，吊装作业中的绳扣应结扣方便，受力后不得松脱，解扣应简易。

（9）穿绕滑车注意事项，滑轮的直径应大于麻绳直径的 10 倍；麻绳有结时，应严禁穿过滑车狭小之处，避免损伤麻绳发生事故；长期在滑车上使用的麻绳，应定期改变穿绳方向，使绳磨损均匀。

2. 钢丝绳

（1）选用钢丝绳要合理，不准超负荷使用。

（2）经常保持钢丝绳清洁，定期涂抹无水防锈油或油脂。钢丝绳使用完毕，应用钢丝刷将上面的铁锈、脏垢刷去。不用的钢丝绳应进行维护保养，按规格分类存放在干净的地方。在露天存放的钢丝绳应在下面垫高，上面加盖防雨布罩。

（3）钢丝绳在卷筒上缠绕时，要逐圈紧密地排列整齐，不应错叠或离缝。

3. 绳扣（千斤绳、带子绳、吊索）

绳扣是把钢丝绳编插成环状或插在两头带有套鼻的绳索，是用来连接重物与吊钩的吊装专用工具。它使用方便，应用极广。

绳扣多是用人工编插的，也有用特制金属卡套压制而成的，人工插接的绳扣其编结部分的长度不得小于钢丝绳直径的 15 倍，并且不得短于 300 mm。

4. 吊索内力计算与选择

吊装吊索内力的大小，除与构件重量、吊索类型等因素有关外，尚与吊索和所吊重物间的水平夹角有关。水平夹角越小吊索内力越大，同时其水平分力对构件产生不利的水平压力；如果夹角太大，虽然能减小吊索内力，但吊索的起重高度要求很高。所以吊索和构件间的水平夹角一般取为 45°~60°。若吊装高度受到限制，其最小夹角应控制在 30°以上。

（二）吊装工具

1. 千斤顶

千斤顶又叫举重器，在起重工作中应用得很广。它用很小的力就能顶高很重的机械设备，还能校正设备安装的偏差和构件的变形等。千斤顶的顶升高度一般为 100~400 mm，最大起重量可达 500 t，顶升速度可达 10~35 mm/min。千斤顶的使用安全要求如下。

（1）千斤顶应放在干燥无尘土的地方，不可日晒雨淋，使用时应擦洗干净，各部件灵活无损。

（2）设置的顶升点须坚实牢固，荷载的传力中心应与千斤顶轴线一致，严禁荷载偏斜，以防千斤顶外斜受力而发生事故。

（3）千斤顶不要超负荷使用，顶升的高度不得超过活塞上的标志线。如无标志，顶升高度不得超过螺纹杆丝扣或活塞总高度的 3/4。

（4）顶升前，千斤顶应放在平整坚实的地面上，并于底座下垫垫木或钢板，严防地基偏沉，顶部与金属或混凝土构件等光滑面接触时，应加垫硬木板，严防滑动；开始顶升时，先将结构构件轻微顶起后停住，检查千斤顶承力、地基、垫木、枕木垛是否正常，如有异常或千斤顶歪斜应及时处理后，方准继续工作。

（5）顶升过程中用枕木垛临时支持构件时，千斤顶的起升高度要大于枕木厚度与枕木垛变形之和。结构构件顶起后，应随起随搭防坠枕木垛，随着构件的顶升枕木垛上应加临时短木块，与其构件间的距离必须保持在 50mm 以内，以防千斤顶突然倾倒或回油而引起活塞突然下降，造成伤亡事故。起升过程中，不得随意加长千斤顶手柄或强力硬压。

（6）有几个千斤顶联合使用顶升同一构件时，应采用同型号的千斤顶，应设置同步升降装置，且每个千斤顶的起重能力不得小于所分担构件重量的 1.2 倍。用两台或两台以上千斤顶同时顶升构件一端时，另一端必须垫实、垫稳，严禁两端同时起落。

2. 倒链

倒链又叫手拉葫芦或神仙葫芦，可用来起吊轻型构件，拉紧扒杆的缆风绳，及用在构件或设备运输时拉紧捆绑的绳索。它适用于小型设备和重物的短距离吊装，一般的起重量为 0.5~1 t，最大可达 2 t 倒链的使用安全要求。

（1）使用前须检查确认各部位灵敏无损。应检查吊钩、链条、轮轴、链盘，如有锈蚀、裂纹、损伤、传动部分不灵活应严禁使用。

（2）起吊时，不能超出起重能力，在任何方向使用时，拉链方向应与链轮方向相同，要注意防止手拉链脱槽，拉链子的力量要均匀，不能过快过猛。

（3）要根据倒链的起重能力决定拉链的人数，如拉不动时，应查明原因再拉。

（4）起吊重物中途停止时，要将手拉小链拴在起重链轮的大链上，以防时间过长而自锁失灵。

3. 卡环

卡环，又名卸甲，用于绳扣（千斤绳、钢丝绳）和绳扣、绳扣与构件吊环之间的连接，是在起重作业中用得较广的连接工具。卡环由弯环与销子两部分组成。按弯环的形式分，有直形卡环和马蹄形卡环两种；按销子与弯环的连接形式分，有螺栓式卡环、抽销式卡环及半自动卡环三种。

卡环的使用安全要求如下。

（1）卡环必须是锻造的，一般是用 20 号钢锻造后经过热处理而制成的。不能使用铸造的和补焊的卡环。

（2）在使用时不得超过规定的荷载，并应使卡环销子与环底受力（高度方向）；不能横向受力，横向使用卡环会造成弯环变形，尤其是在采用抽销式卡环时，弯环的变形会使销子脱离销孔，钢丝绳扣柱易从弯环中滑脱出来。

（3）抽销式卡环经常用于柱子的吊装，它可以在柱子就位固定后，在地面上用事先系在销子尾部的麻绳，将销子拉出解开吊索，避免摘扣时高空作业的不安全因素，提高吊装效率。但在柱子的重量较大时，为提高安全度须用螺栓式卡环。

4. 绳卡

钢丝绳的绳卡主要用于钢丝绳的临时连接和钢丝绳穿绕滑车组时后手绳的固定，以及扒杆上缆风绳绳头的固定等。它是起重吊装作业中用得较广的钢丝绳夹具。通常用的绳卡，有骑马式、拳握式和压板式三种。其中骑马式绳卡是连接力最强的标准绳卡，应用最广。绳卡的使用安全要求如下。

（1）绳卡的大小，要适合钢丝绳的粗细。U形环的内侧净距，要比钢丝绳直径大1~3 mm，净距太大不易卡紧绳子。

（2）使用时，要把U形螺栓拧紧，直到钢丝绳被压扁1/3左右为止。由于钢丝绳在受力后产生变形，绳卡在钢丝绳受力后要进行第二次拧紧，以保证接头的牢靠。如需检查钢丝绳在受力后绳卡是否滑动，可采取附加一安全绳卡来进行。安全绳卡安装在距最后一个绳卡500 mm，将绳头放出一段安全弯后再与主绳夹紧，这样如绳卡有滑动现象，安全弯将会被拉直，便于随时发现和及时加固。

（3）绳卡之间的排列间距一般为钢丝绳直径的6~8倍，绳卡要一顺排列，应将U形环部分卡在绳头的一面，压板放在主绳的一面。

5. 吊钩

（1）吊钩分类

吊钩按锻造的方法有锻造钩和板钩。锻造钩采用20号优质碳素钢，经过锻造和冲压，进行退火热处理，以消除残余的内应力，增加其韧性。要求硬度达到HB=75~135，再进行机加工。板钩是由30 mm厚的钢板片铆合制成的。

（2）吊钩的使用安全要求

一般吊钩是用整块钢材锻制的，表面应光滑，不得有裂纹、刻痕、剥裂、锐角等缺陷，且不准对磨损或有裂缝的吊钩进行补焊修理。吊钩上应注有载重能力，如没有标记，在使用前应经过计算，确定载荷重量，并做动静载荷试验，在试验中经检查无变形、裂纹等现象后方可使用。在起重机上用吊钩，应设有防止脱钩的吊钩保险装置。

6. 手扳葫芦

手扳葫芦是一种轻巧简便的手动牵引机械。它具有结构紧凑、体积小、自重轻、携带方便、性能稳定等特点。其工作原理是由两对平滑自锁的夹钳，像两只钢爪一样交替夹紧钢丝绳，做直线往复运动，从而达到牵引的作用。它能在各种工程中担任牵引、卷扬、起重等作业。

使用手扳葫芦时，起重量不准超过允许荷载，要按照标记的起重量使用；不能任意地加长手柄，应用有钢芯的钢丝绳作业。使用前应检查验证自锁夹钳装置，夹紧钢丝绳后看其能往复做直线运动，否则严禁使用；使用时应待其受力后再检查一次，确认无问题后方可继续作业。若用于吊篮时，还应于每根钢丝绳处拴一根保险绳，并将保险绳另一端固定于永久性结构上。

7. 绞磨

绞磨是一种使用较普遍的人力牵引工具，主要用于起重速度不快、没有电动卷扬机，也没有电源的作业地点及牵引力不大的施工作业。绞磨由卷绕钢丝绳的磨芯、连接杆、磨杆及支承磨芯和连接杆的磨架等主要部分组成。

8. 滑车和滑车组

（1）滑车

滑车和滑车组是起重吊装、搬运作业中较常用的起重工具。滑车是由吊钩链环、滑轮、轴、轴套和夹板等组成。

（2）滑车组

滑车组是由一定数量的定滑车和动滑车及绳索组成。因在吊重物时，不仅要改变力的方向，而且要省力，这样单用定滑车或动滑车都不能解决问题。如果把定滑车、动滑车连在一起组成滑车组，既能省力又能改变力的方向。

二、垂直运输机械

当前，在施工现场用于垂直运输的机械主要有三种：塔式起重机、龙门架（或井字架）物料提升机和施工外用电梯。

（一）塔式起重机

塔式起重机，简称塔吊，在建筑施工中已经得到广泛的应用，是建筑安装施工中不可缺少的建筑机械。

由于塔吊的起重臂与塔身可成相互垂直的外形，故可把起重机安装在靠近施工的建筑物。其有效工作幅度优越于履带、轮胎式起重机，本身具有操作方便、变幅简单等特点。特别是出现高层、超高层建筑后，塔吊的工作高度可达100～160 m，更体现其优越性。

1. 形式分类

（1）固定式塔吊：塔身不移动，工作范围靠塔臂的转动和小车变幅完成，多用于高层建筑、构筑物、高炉安装工程。

（2）运行式塔吊：它可由一个工作地点移到另一工作地点（如轨道式塔吊），可以带负荷运行，在建筑群中使用可以不用拆卸而通过轨道直接开进新的工程幢号施工。

2. 安全操作

（1）塔吊司机和信号人员，必须经专门培训持证上岗。

（2）实行专人专机管理，机长负责制，严格交接班制度。

（3）新安装的或经大修后的塔吊，必须按说明书要求进行整机试运转。

（4）塔吊距架空输电线路应保持安全距离。

（5）司机室内应配备适用的灭火器材。

（6）提升重物前，要确认重物的真实重量，要做到不超过规定的荷载，不得超载作业；必须使起升钢丝绳与地面保持垂直，严禁斜吊；吊运较大体积的重物应拉溜绳，防止摆动。

（7）司机接班时，应检查制动器、吊钩、钢丝绳和安全装置。发现性能不正常，应在操作前排除。开车前，必须鸣铃或报警。操作中接近人时，亦应给予持续铃声或报警。

（8）操作应按指挥信号进行。听到紧急停车信号，不论是何人发出，都应立即执行。

（9）确认起重机上或其周围无人时，才可以闭合主电源。如果电源断路装置上加锁或有标牌，应由有关人员除掉后才可闭合电源。闭合主电源前，应使所有的控制器手柄置于零位；工作中突然断电时，应将所有的控制器手柄扳回零位；在重新工作前，应检查起重机动作是否都正常。

（10）操作各控制器应逐级进行，禁止越挡操作。变换运转方向时，应先转到零位待电动机停止转动后，再转向另一方向。提升重物时应慢起步，不准猛起猛落防止冲击荷载。重物下降时应进行控制，禁止自由下降。

（11）动臂式起重机可起升、回转、行走三种动作同时进行，但变幅只能单独进行。

（12）两台塔吊在同一条轨道作业时，应保持安全距离；两台同样高度的塔吊，其起重臂端部之间，应大于 4 m，两台塔吊同时作业，其吊物间距不得小于 2 m；高位起重机的部件与低位起重机最高位置部件之间的垂直距离不小于 2 m。

（13）轨道行走的塔吊，处于90°弯道上，禁止起吊重物。

（14）操作中遇大风（6级以上）等恶劣气候，应停止作业，将吊钩升起，夹好轨钳；当风力达10级以上时，吊钩落下钩住轨道，并在塔身结构架上拉4根钢丝绳，固定在附近的建筑物上。

（15）起重机作业中，任何人不准上下塔机、不得随重物起升，严禁塔机吊运人员。

（16）司机对起重机进行维修保养时，应切断主电源，并挂上标志牌或加锁；必须带电修理时，应戴绝缘手套、穿绝缘鞋，使用带绝缘手柄的工具，并有人监护。

（二）龙门架、井字架物料提升机

龙门架、井字架都是以地面卷扬机为动力，用作施工中的物料垂直运输，因架体的外形结构而得名。龙门架由天梁及两立柱组成，形如门框；井字架由四边的杆件组成，形如"井"字的截面架体，提升货物的吊篮在架体中间井孔内垂直运行。

龙门架、井字架物料升降机在现场使用，应编制专项施工方案，并附有有关计算书。

1. 安全防护装置

（1）停靠装置。吊篮到位停靠后，该装置能可靠地承担吊篮自重、额定荷载及运料人员和装卸工作荷载，此时起升钢丝绳不受力。当工人进入吊篮内作业时，吊篮不会因卷扬机抱闸失灵或钢丝绳突然断裂而坠落，以保人员安全。

（2）限速及断绳保护装置。当吊篮失控超速或钢丝绳突然断开时，此装置即弹出，两端将吊篮卡在架体上，使吊篮不坠落。

（3）吊篮安全门宜采用联锁开启装置。即当吊篮停车时安全门自动开启，吊篮升降时安全门自行关闭，防止物料从吊篮中滚落或楼面人员失足落入井架。

（4）联锁装置。楼层口停靠栏杆升降机与各层进料口的接合处搭设了运料通道时，通道处应设防护栏杆，宜采用联锁装置。

（5）上料口防护棚。升降机地面进料口上方应搭设防护棚，宽度大于升降机最大宽度，长度应大于3（低架）~5（高架）m，棚顶可采用50 mm厚木板或两层竹笆（上下竹笆间距不小于 600 mm）。

（6）超高限位装置。是防止吊篮上升失控与天梁碰撞的装置。

（7）下极限限位装置。主要用于高架升降机，为防止吊篮下行时不停机，压迫缓冲装置造成事故。

（8）超载限位器。为防止装料过多而设置。当荷载达到额定荷载的90%时，发出报警信号，荷载超过额定荷载时，切断电源。

（9）通信装置。用于升降时传递联络信号，必须是一个闭路的双向电气通信系统。

（10）井架操作室。应防雨、防晒、视线好、拆装方便，可采用聚苯乙烯夹芯彩钢板组装制作。

2. 基础、附墙架、缆风绳及地锚

（1）基础

依据升降机的类型及土质情况确定基础的做法。基础埋深与做法应符合设计和升降机出厂使用规定，应有排水措施。距基础边缘 5 m 范围内，开挖沟槽或有较大振动的施工时，应有保证架体稳定的措施。

（2）附墙架

架体每间隔一定高度必须设一道附墙杆件与建筑结构部分进行连接，其间隔一般不大于 9 m，且在建筑物顶层必须设置 1 组，从而确保架体的自身稳定。附墙件与架体及建筑之间均应采用刚性连接，不得连接在脚手架上，严禁用钢丝绑扎。

（3）缆风绳

当升降机无条件设置附墙架时，应采用缆风绳固定架体。第一道缆风绳的位置可以设置在距地面 20 m 高处，架体高度超过 20 m 以上，每增高 10 m 就要增加一组缆风绳；每组（或每道）缆风绳不应少于 4 根，沿架体平面 360° 范围内布局，按照受力情况缆风绳应采用直径不小于 9.3 mm 的钢丝绳。

（4）地锚

要视其土质情况，决定地锚的形式和做法。一般宜选用卧式地锚；当受力小于 15 kN、土质坚实时，也可选用桩式地锚。

3. 安装与拆除

（1）龙门架、井字架物料提升机的安装与拆除必须编制专项施工方案，并应由有资质的队伍施工。

（2）升降机应有专职机构和专职人员管理。司机应经专业培训，持证上岗。

（3）组装后应进行验收，并进行空载、动载和超载试验。

（4）严禁载人升降，禁止攀登架体及从架体下面穿越。

（三）施工外用电梯

1. 构造特点

建筑施工外用电梯又称附壁式升降机，是一种垂直井架（立柱）导轨式外用笼式电梯。主要用于工业、民用高层建筑的施工，桥梁、矿井、水塔的高层物料和人员的垂直运输。

2. 安全装置

外用电梯为保证使用安全，本身设置了必要的安全装置，这些装置有机械的、电气的及机械电气联锁的，主要有限速器、缓冲弹簧、上下限位器、安全钩、吊笼门和底笼门联锁装置、急停开关、楼层通道门等。应该经常保持良好的状态，防止意外事故。

3. 使用安全技术要求

①施工升降机应为人货两用电梯，其安装和拆卸工作必须由取得建设行政主管部门颁发的拆装资质证书的专业队负责，并须由经过专业培训，取得操作证的专业人员进行操作和维修。

②升降机的专用开关箱应设在底架附近便于操作的位置，馈电容量应满足升降机直接启动的要求，箱内必须设短路、过载、相序、断相及零位保护等装置。

③升降机梯笼周围2.5 m范围内应设置稳固的防护栏杆，各楼层平面通道应平整牢固，出入口应设防护栏杆和防护门。全行程四周不得有危害安全运行的障碍物。

④升降机安装在建筑物内部井道中间时，应在全行程范围井壁四周搭设封闭屏障，装设在阴暗处或夜班作业的升降机，应在全行程上装设足够的照明和明亮的楼层编号标志灯。

⑤升降机的防坠安全器，在使用中不得任意拆检调整，需要拆检调整时或每用满一年后，均由生产厂或指定的认可单位进行调整、检修或鉴定。

⑥作业前重点检查项目应符合的要求：各部结构无变形，连接螺栓无松动；齿条与齿轮、导向轮与导轨均连接正常；各部钢丝绳固定良好，无异常磨损；运行范围内无障碍。

⑦启动前应检查并确认电缆、接地线完整无损，控制开关在零位。电源接通后，应检查并确认电压正常，应测试无漏电现象，应试验并确认各限位装置、梯笼、围护门等处的电器联锁装置良好可靠及电器仪表灵敏有效。启动后应进行空载升降试验，测定各传动机构制动器的效能，确认正常后方可开始作业。

⑧升降机在每班首次载重运行时，当梯笼升离地面 1~2 m 时，应停机试验制动器的可靠性；当发现制动效果不良时，应调整或修复后方可运行。

⑨梯笼内乘人或载物时，应使载荷均匀分布，不得偏重。严禁超载运行。

⑩操作人员应根据指挥信号操作，作业前应鸣声示意。在升降机未切断电源开关前，操作人员不得离开操作岗位。

⑪当升降机运行中发现有异常情况，应立即停机并采取有效措施将梯笼降到底层，排除故障后方可继续运行。在运行中发现电气失控时，应立即按下急停按钮；在未排除故障前，不得打开急停按钮。

⑫升降机在大雨、大雾、6 级及以上大风，以及导轨、电缆等结冰时，必须停止运行，并将梯笼降到底层，切断电源。暴风雨后应对升降机各有关安全装置进行一次检查，确认正常后方可运行。

⑬升降机运行到最上层或最下层时，严禁用行程开关作为停止运行的控制开关。

⑭作业后应将梯笼降到底层，各控制开关拨到零位，切断电源、锁好开关箱、闭锁梯笼和围护门。

三、土石方机械

土石方工程施工主要有开挖、装卸、运输、回填、夯实等工序。目前使用的机械主要有推土机、铲运机、挖掘机（包括正铲、反铲、拉铲、抓铲等）、装载机、压实机等。

（一）推土机

推土机是由拖拉机驱动的机器，有一宽而钝的水平推铲，用以清除土地、道路、构筑物或类似的工作。包括机械履带式、液压履带式、液压轮胎式。

1. 推土机在坚硬的土壤或多石土壤地带作业时，应先进行爆破或用松土器翻松。在沼泽地带作业时，应更换湿地专用履带板。

2. 不得用推土机推石灰、烟灰等粉尘物料和用作碾碎石块的作业。

3. 牵引其他机械设备时，应有专人负责指挥；钢丝绳的连接应牢固可靠。在坡道或长距离牵引时，应采用牵引杆连接。

4. 推土机行驶前，严禁有人站在履带或刀片的支架上，机械四周应无障碍物，确认安全后方可开动。

5. 驶近边坡时，铲刀不得越出边缘。后退时应先换挡，方可提升铲刀进行倒车。

6. 在深沟、基坑或陡坡地区作业时，应有专人指挥，其垂直边坡高度不应大于 2 m。

7. 在推土或松土作业中不得超载，不得做有损于铲刀、推土架、松土器等装置的动作，各项操作应缓慢平稳。

8. 两台以上推土机在同一地区作业时，前后距离应大于 8.0 m，左右距离应大于 1.5 m。在狭窄道路上行驶时，未征得前机同意，后机不得超越。

9. 推土机转移行驶时，铲刀距地面宜为 400 mm，不得用高速挡行驶和进行急转弯。不得长距离倒退行驶。长途转移工地时，应采用平板拖车装运。短途行走转移时，距离不宜超过 10 km，并在行走过程中应经常检查和润滑行走装置。

10. 作业完毕后，应将推土机开到平坦安全的地方，落下铲刀，有松土器的应将松土器抓落下。

11. 停机时，应先降低内燃机转速，变速杆放在空挡，锁紧液力传动的变速杆，分开主离合器，踏下制动踏板并锁紧，待水温降到 75 ℃ 以下，油温度降到 90 ℃ 以下时，方可熄火。在坡道上停机时，应将变速杆挂低速挡，接合主离合器，锁住制动踏板，并将履带或轮胎楔住。

12. 在推土机下面检修时，内燃机必须熄火，铲刀应放下或垫稳。

（二）挖掘机

用铲斗挖掘高于或低于乘机面的物料，并装入运输车辆或卸至堆料场的土方机械。挖掘的物料主要是土壤、煤、泥沙及经过预松后的岩石和矿石。

挖掘机械一般由动力装置、传动装置、行走装置和工作装置等组成。

1. 单斗挖掘机的作业和行走场地应平整坚实，对松软地面应垫以枕木或垫板，沼泽地区应先做路基处理，或更换湿地专用履带板。

2. 轮胎式挖掘机使用前应支好支腿并保持水平位置，支腿置于作业面的方向，转向驱动桥置于作业面的后方。采用液压悬挂装置的挖掘机，应锁住两个悬挂液压缸。履带式挖掘机的驱动轮置于作业面的后方。

3. 平整作业场地时，不得用铲斗进行横扫或用铲斗对地面进行夯实。

4. 挖掘机正铲作业时，除松散土壤外，其最大开挖高度和深度不应超过机械本身性能规定。在拉铲或反铲作业时，履带到工作面边缘距离应大于 1.0 m，轮胎距工作面边缘距离应大于 1.5 m。

5. 遇到较大的坚硬石块或障碍物时，应待清除后方可开挖，不得用铲斗破碎石块、冻土，或用单边斗齿硬啃。

6. 挖掘悬崖时，应采取防护措施。作业面不得留有伞沿及松动的大块石，当发现有塌方危险时，应立即处理或将挖掘机撤至安全地带。

7. 作业时应待机身停稳后再挖土，当铲斗未离开工作面时，不得做回转、行走等动作；回转制动时应使用回转制动器，不得用转向离合器反转制动。

8. 作业时各操纵过程应平稳，不宜紧急制动。铲斗升降不得过猛，下降时不得碰撞车架或履带。斗臂在抬高及回转时，不得碰到洞壁、沟槽侧面或其他物体。

9. 向运土车辆装车时，宜降低挖铲斗减小卸落高度，避免偏装或砸坏车厢，汽车未停稳或铲斗须越过驾驶室而司机未离开前不得装车。

10. 反铲作业时，斗臂应停稳后再挖土，挖土时斗柄伸出不宜过长，提斗不得过猛。

11. 作业后，挖掘机不得停放在高边坡附近和填方区，应停放在坚实、平坦、安全的地带，将铲斗收回平放在地面上，所有操纵杆置于中位，关闭操纵室和机棚。

12. 履带式挖掘机转移工地应采用平板拖车装运。短距离自行转移时，应低速缓行，每行走 500～1 000 m 应对行走机构进行检查和润滑。

13. 司机离开操作位置，不论时间长短，必须将铲斗落地并关闭发动机。

14. 不得用铲斗吊运物料。使用挖掘机拆除构筑物时，操作人员应了解构筑物倒塌方向，在挖掘机驾驶室与被拆除构筑物之间留有构筑物倒塌的空间。

15. 作业结束后，应将挖掘机开到安全地带，落下铲斗制动好回转机构，操纵杆放在空挡位置。

16. 保养或检修挖掘机时，除检查内燃机运行状态外，必须将内燃机熄火，并将液压系统卸荷，铲斗落地。利用铲斗将底盘顶起进行检修时，应使用垫木将抬起的轮胎垫稳，并用木楔将落地轮胎楔牢，然后将液压系统卸荷，否则严禁进入底盘下工作。

四、输送机械

（一）散装水泥车

散装水泥车是一种专门用于运输散装水泥及其他干粉状物料的特种车辆。这种车辆通常配备有特殊的储罐和输送设备，能够在不包装的情况下直接将水泥等物料从生产厂运输到建筑工地或其它目的地。

1. 装料前应检查并清除罐体及出料管道内的积灰和结渣等物，各管道、阀门应启闭灵活，不得有堵塞、漏气等现象，各连接部件应牢固可靠。

2. 在打开装料口前，应先打开排气阀，排除罐内残余气压。

3. 装料时应打开料罐内料位器开关，待料位器发出满位声响信号时，应立即停止装料。

4. 装料完毕应将装料口边缘上堆积的水泥清扫干净，盖好进料口盖，并把插销插好锁紧。

5. 卸料前应将车辆停放在平坦的卸料场地，装好卸料管。关闭卸料管蝶阀和卸压管球阀，打开二次风管并接通压缩空气，保证空气压缩机在无载情况下启动。

6. 在向罐内加压时，确认卸料阀处于关闭状态。待罐内气压达到卸料压力时，应先烧开二次风嘴阀后再打开卸料阀，并调节二次风嘴阀的开度来调整空气与水泥的最佳比例。

7. 卸料过程中，应观察压力表压力变化情况，如压力突然上升，而输气软管堵塞不再出料，应立即停止送气并放出管内压气，然后清除堵塞。

8. 卸料作业时，空气压缩机应有专人负责，其他人员不得擅自操作。在进行加压卸料时，不得改变内燃机转速。

9. 卸料结束应打开放气阀，放尽罐内余气，并关闭各部阀门。车辆行驶过程中罐内不得有压力。

10. 雨天不得在露天装卸水泥。应经常检查并确认进料口盖关闭严实，不得让水或湿空气进入罐内。

（二）机动翻斗车

机动翻斗车是一种料斗可倾翻的短途输送物料的车辆，在建筑施工中常用于运输砂浆、混凝土熟料及散装物料等。它采用前轴驱动，后轮转向，整车无拖挂装置；前桥与车架成刚性连接，后桥用销轴与车架交接，能绕销轴转动，确保在不平整的道路上正常行驶；使用方便，效率高，车身上安装有一个"斗"状容器，可以翻转以方便卸货。包括前置重力卸料式、后置重力卸料式、车液压式等。

1. 车上除司机外，不得带人行驶。

2. 行驶前应检查锁紧装置并将料斗锁牢，不得在行驶时掉斗。行驶时应从一挡起步，不得用离合器处于半结合状态来控制车速。

3. 上坡时当路面不良或坡度较大，应提前换入低挡行驶；下坡时严禁空挡滑行，转弯时应先减速，急转弯时应先换入低挡。

4. 翻斗车制动时，应逐渐踩下制动踏板，并应避免紧急制动。

5. 通过泥泞地段或雨后湿地时，应低速缓行，应避免换挡、制动、急剧加速，且不得靠近路边或沟旁行驶，并应防侧滑。

6. 翻斗车排成纵队行驶时，前后车之间应保持 8 m 的间距，在下雨或冰雪的路面上应加大间距。

7. 在坑沟边缘卸料时，应设置安全挡块，车辆接近坑边时应减速行驶，不得剧烈冲撞挡块。

8. 严禁料斗内载人，料斗不得在卸料工况下行驶或进行平地作业。

9. 内燃机运转或料斗内载荷时，严禁在车底下进行任何作业。

10. 停车时应选择适合地点，不得在坡道上停车。冬季应采取防止车轮与地面冻结的措施。

11. 操作人员离机时，应将内燃机熄火，并挂挡、拉紧手制动器。

12. 作业后，应对车辆进行清洗，清除沙土及混凝土等黏结在料斗和车架上的脏物。

建筑工程机械的相关安全管理还有许多，限于篇幅，这里不再一一介绍，有兴趣的读者可参阅其他资料来学习。

参考文献

[1] 和金兰. BIM 技术与建筑施工项目管理 [M]. 延吉：延边大学出版社，2019.

[2] 刘宏伟. 现代高层建筑施工 [M]. 北京：机械工业出版社，2019.

[3] 张爱莉. 高层建筑施工 [M]. 重庆：重庆大学出版社，2019.

[4] 郭凤双，施凯. 建筑施工技术 [M]. 成都：西南交通大学出版社，2019.

[5] 惠彦涛. 建筑施工技术 [M]. 上海：上海交通大学出版社，2019.

[6] 王颖佳，黄小亚. 装配式建筑施工组织设计和项目管理 [M]. 成都：西南交通大学出版社，2019.

[7] 赵伟，孙建军. BIM 技术在建筑施工项目管理中的应用 [M]. 成都：电子科技大学出版社，2019.

[8] 刘尊明，霍文婵，朱锋. 建筑施工安全技术与管理 [M]. 北京：北京理工大学出版社，2019.

[9] 焦丽丽. 现代建筑施工技术管理与研究 [M]. 北京：冶金工业出版社，2019. 12.

[10] 章峰，卢浩亮. 基于绿色视角的建筑施工与成本管理 [M]. 北京：北京工业大学出版社，2019.

[11] 杨承愫，陈浩. 绿色建筑施工与管理 [M]. 北京：中国建材工业出版社，2020.

[12] 陈思杰，易书林. 建筑施工技术与建筑设计研究 [M]. 青岛：中国海洋大学出版社，2020.

[13] 廖丽平，丁雅萍，孙谦. 建筑施工用电 [M]. 成都：西南交通大学出版社，2020.

［14］姚亚锋，张蓓. 建筑工程项目管理［M］. 北京：北京理工大学出版社，2020.

［15］项勇，卢立宇，徐姣姣. 现代工程项目管理［M］. 北京：机械工业出版社，2020.

［16］刘兵，刘广文. 建筑施工组织与管理［M］. 3 版. 北京：北京理工大学出版社，2020.

［17］张清波，陈涌，傅鹏斌. 建筑施工组织设计［M］. 3 版. 北京：北京理工大学出版社，2020.

［18］张园，斯庆. 建筑施工组织与进度控制［M］. 北京：机械工业出版社，2020.

［19］庞业涛. 装配式建筑项目管理［M］. 成都：西南交通大学出版社，2020.

［20］杜常岭，郭学明. 装配式混凝土建筑——施工问题分析与对策［M］. 北京：机械工业出版社，2020.

［21］陈伟，刘美霞，胡兴福. 装配式混凝土建筑施工技术与项目管理［M］. 北京：北京理工大学出版社，2021.

［22］王君，陈敏，黄维华. 现代建筑施工与造价［M］. 长春：吉林科学技术出版社，2021.

［23］刘臣光. 建筑施工安全技术与管理研究［M］. 北京：新华出版社，2021.

［24］徐莉. 建筑施工图设计［M］. 重庆：重庆大学出版社，2021.

［25］杨转运，张银会. 建筑施工技术［M］. 北京：北京理工大学出版社，2021.

［26］蒲娟，徐畅，刘雪敏. 建筑工程施工与项目管理分析探索［M］. 长春：吉林科学技术出版社，2021.

［27］贾丽欣. 体育建筑策划与项目管理［M］. 西安：西安交通大学出版社，2021.

［28］张辉. REVIT 建筑施工与虚拟建造［M］. 北京：机械工业出版社，2021.

［29］梁勇，袁登峰，高莉. 建筑机电工程施工与项目管理研究［M］. 北京：文化发展出版社，2021.

［30］韩德祥，蒋春龙，杜明兴. 建筑施工安全技术与管理研究［M］. 长春：吉林科学技术出版社，2022.

［31］薛驹，徐刚. 建筑施工技术与工程项目管理［M］. 长春：吉林科学技术出版社，2022.

［32］杨振华，李小斌，何俊彪. 工程建设理论与实践丛书·装配式建筑施工与项目管理［M］. 武汉：华中科技大学出版社，2022.

［33］张迪，申永康. 建筑工程项目管理［M］. 2版. 重庆：重庆大学出版社，2022.

［34］单旭，黄雅平. 建筑施工企业会计［M］. 3版. 北京：机械工业出版社，2023.

［35］张永强，吴高飞，于浩壮. 工程建设理论与实践丛书建筑施工企业财务管理与安全评价［M］. 武汉：华中科技大学出版社，2023.

［36］孙宁，徐巍，向梦华. 工程建设理论与实践丛书建筑设计与施工技术［M］. 武汉：华中科技大学出版社，2023.

［37］任雪丹，曹雅娴. 建筑装饰装修施工组织设计［M］. 2版. 北京：北京理工大学出版社，2023.